建筑设计基础教程

复杂环境限定下的

建筑快速设计策略

同济大学出版社

图书在版编目（C I P）数据

复杂环境限定下的建筑快速设计策略 / 陈冉，陈晨主编 . -- 上海 : 同济大学出版社，2020.7
建筑设计基础教程
ISBN 978-7-5608-8816-3

Ⅰ . ①复… Ⅱ . ①陈… ②陈… Ⅲ . ①建筑设计 - 教材 Ⅳ . ① TU2

中国版本图书馆 CIP 数据核字 (2019) 第 255954 号

复杂环境限定下的建筑快速设计策略

陈冉 陈晨 主编

出 品 人 华春荣
责任编辑 由爱华
责任校对 徐春莲
装帧设计 吴雪颖
出版发行 同济大学出版社 www.tongjipress.com.cn
（地址：上海四平路 1239 号 邮编：200092 电话： 021-65985622）
经 销 全国各地新华书店
印 刷 上海龙腾印务有限公司
开 本 787mm × 1092mm 1/16
印 张 6
字 数 150000
版 次 2020 年 7 月第 1 版 2020 年 7 月第 1 次印刷
书 号 ISBN 978-7-5608-8816-3
定 价 48.00 元

PREFACE 前言

建筑快速设计是建筑学专业人员在升学以及求职过程中的必备能力之一，由于其应试时间的限制，建筑快速设计对思考和绘图的逻辑与速度都有着高水准的要求，因而其也成为众多建筑学学子迫切希望提升的技能。本书的作者总结其多年快速设计教学和各类型快题设计研究经验，将近十年来的教学精华成果编撰成本系列丛书，旨在帮助有需求的建筑学子提升建筑快速设计能力。

本套图书分为四册八大篇，分别从不同角度系统介绍了快速设计的解题策略。每个篇章的框架由三项固定内容构成：第一部分是对其对应主题的快速设计策略以及表现技法的介绍，图文并茂，深入浅出，满足不同层次的读者的阅读需求；第二部分是实际案例分析，精心挑选出的案例具有很强的代表性，方便读者将第一部分理论联系到实际；第三部分为快速设计作品分析，选取优秀作品进行亮点分析，使读者可以对快速设计成果有更为直观的认知，同时也便于自身对比学习。

本册内容系统阐述了限定性环境对建筑设计的影响和对应策略，以及新旧建筑之间关系的处理手法。上篇将限定性环境分为景观类、特殊地形类和城市环境类，并针对这三种情况，介绍了设计中的应对措施。下篇以旧建筑的加建和改建为设计出发点，将新旧建筑的关系分为相对分离和互相干预两种情况，来分析如何在新建筑的设计中，运用叠加、重构等手法，更好地处理两者之间的关系，达到新旧建筑协调统一的效果。读者在本册的学习中，会理解到建筑不是孤立的存在，而是会受到环境和周边建筑条件的制约，在设计中灵活运用所学的知识和空间处理手法是设计的重点和难点。

CONTENTS
目录

PART 2 下篇 新旧建筑关系处理

编委会

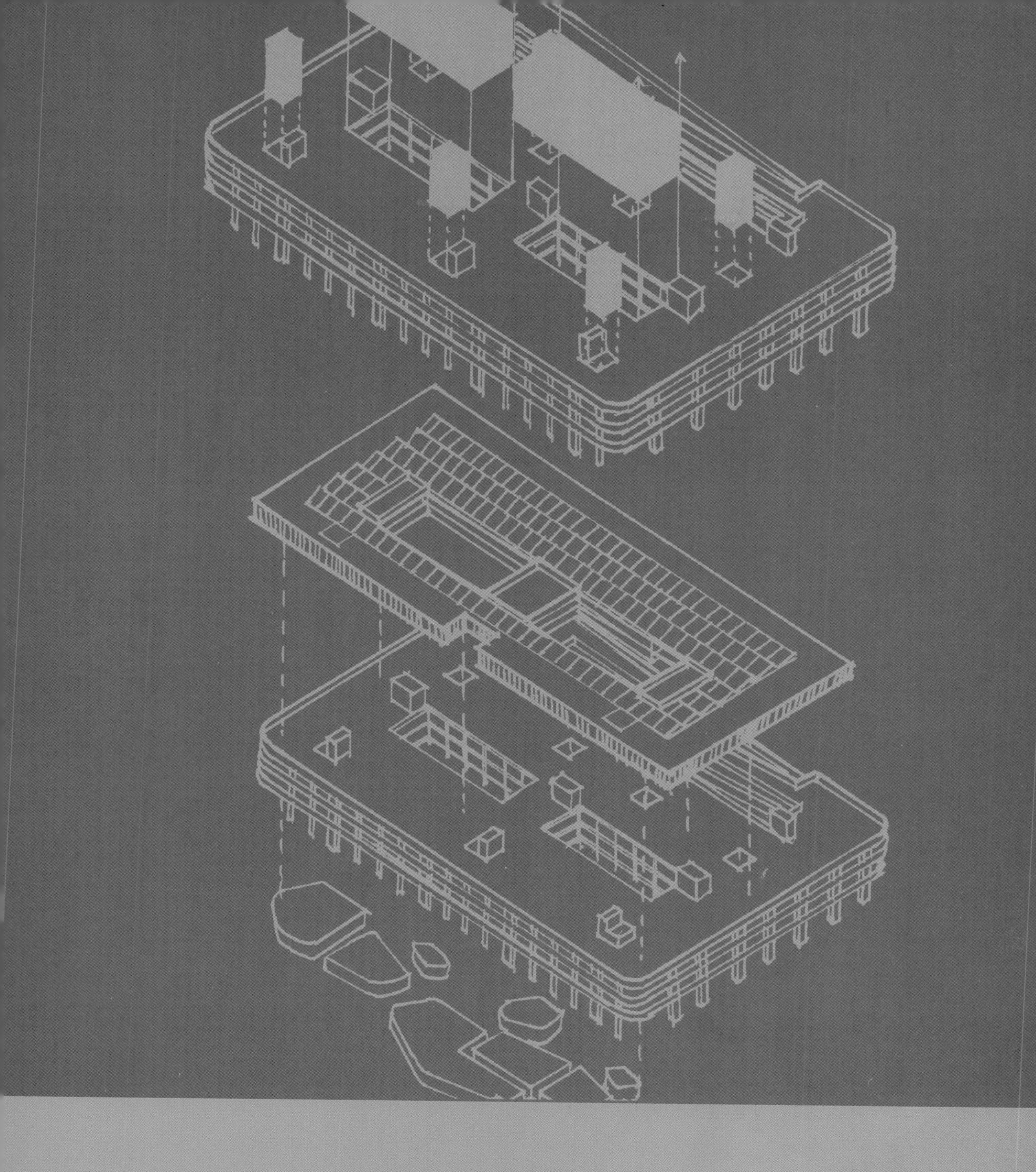

PART 1

上篇 限定性环境与建筑设计策略

1 限定性环境概述

1.1 概念

从现实的角度来看，即使人为限定的条件再少，建筑创作也绝非能够完全自由化。由于建筑往往处在一定的环境中（无论是城市环境还是自然环境），因而建筑师除了需要使建筑满足功能需求，还要把握场地和场地环境所具有的特殊性，分析整理场地的历史和文脉，最终发现建筑与环境妥善衔接的方法。这些具有特殊性的场地环境就可以称为限定性环境。处理好建筑与环境的关系，也是设计大局观的体现。

1.2 限定性环境分类

按照场地特殊元素的位置，可以将限定性环境分为场地内部限定性环境和场地外部限定性环境。场地内部限定性环境主要包括基地内部的保留物，场地外部限定性环境主要包括一些城市或者自然的限定条件。按照这些特殊元素的种类，可以主要分为景观类限定环境、特殊地形限定环境和城市限定环境。

1.2.1 景观类限定环境

主要包含了场地内部与外部的各种景观元素，这些元素成为影响建筑设计进行的一个因素。景观元素于基地内部多表现为点状景观，如树木、雕塑等，也可以是线状或面状的景观，如小型河流或者小面积的水域；在基地外部则呈现为具备一定规模的面状景观，如城市绿地、江河湖海等。面对景观类限定性环境，宜对景观元素物尽其用，合理组织建筑空间的朝向和形体，使景观成为提升设计品质的要素（图 1–1）。

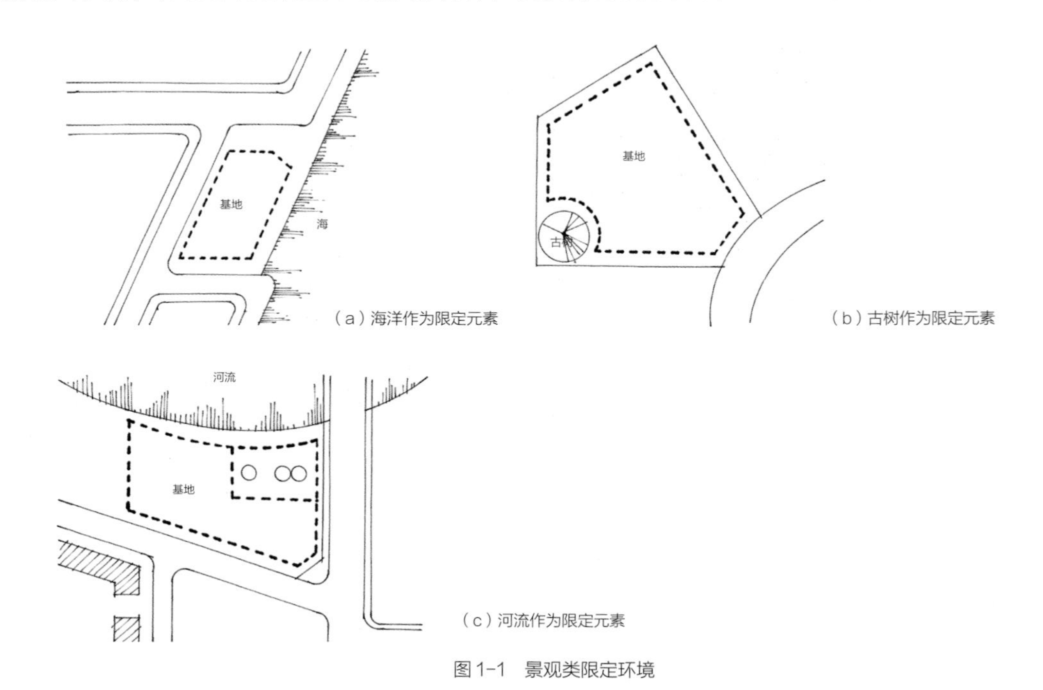

（a）海洋作为限定元素

（b）古树作为限定元素

（c）河流作为限定元素

图 1–1 景观类限定环境

1.2.2 特殊地形限定环境

主要是指非平坦的、具有高差的基地环境，例如坡地、台地或者洼地。地形高差增加了建筑与场地底面契合的难度，因而对建筑设计产生了一定限制。对于特殊地形与地貌环境，宜遵循“依山就势”的原则，避免对场地进行大规模的改造，从而达到建筑与场地关系的和谐（图 1–2）。

1.2.3 城市限定环境

主要指城市中各种元素会对建筑设计产生影响的环境。这些要素一般具有两大部分内容：一是与城市文脉相关的，例如城市轴线、城市建筑肌理、城市建筑风貌等，这类元素一般是对建筑设计较为有利的，可以使设计体现出地域性特征，或者使建筑和谐不突兀地融于城市环境，表现出对城市环境的高度责任感。二是与城市设施相关的要素，这类元素往往不便于利用，例如高压电网、地下交通设施等。面对这些元素，设计方案时往往要采取一些回避性措施，减少建筑与城市设施之间的相互影响（图 1–3）。

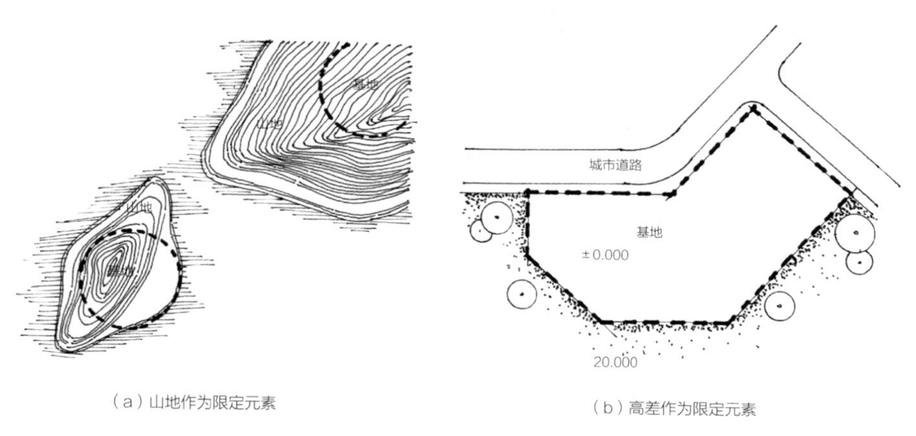

（a）山地作为限定元素

（b）高差作为限定元素

图 1–2　特殊地形限定环境

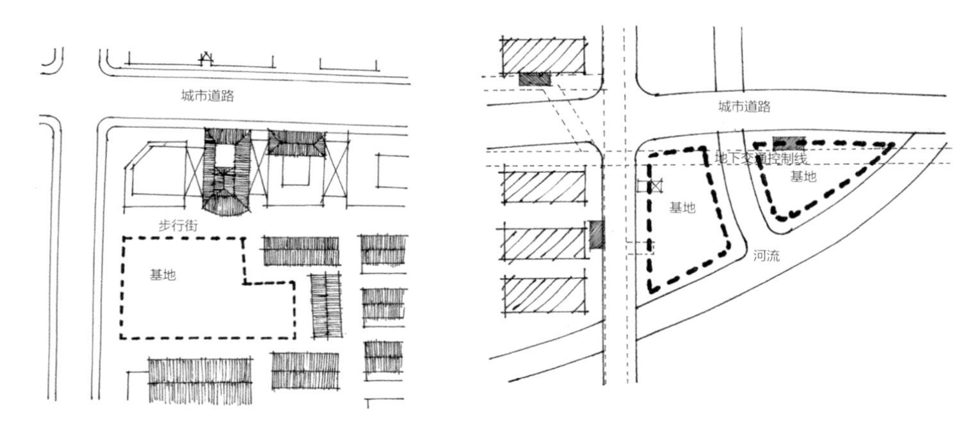

（a）建筑风貌作为限定元素

（b）城市道路、河流与地下交通作为限定元素

图 1–3　城市限定环境

2 景观类限定与设计策略

2.1 建筑与点状景观

2.1.1 平面布局

当场地中有景观元素时，进行平面布局时应注意建筑的朝向。例如，建筑入口可以和景观发生对位关系，使人们在行进过程中有可以欣赏景致的可能。其次，建筑中一些公共性的空间或者较高等级的空间可以朝向景观，以提升这些建筑空间的品质。例如，在住宅设计中，客厅与主卧宜拥有景观朝向，而在一些公共建筑中，共享空间可以适当与景观元素呼应。

对于点状的景观元素，一般来说，建筑在整体布局上呈现出“让”与“环”的形态。

1. “让”

让是指建筑需要和景观脱开一定的距离，从而可以对具有景观性的保留物，如古树、古迹或者雕塑形成保护而避免新建建筑的结构构件对其造成破坏。同时，建筑与景观脱开，形成了更为有利的观景距离（图 2–1）。“让”直接体现了建筑对环境的尊重。

2. “环”

环是指建筑对景观呈现出环绕的趋势，使景观处在构图的中心处，以突显其核心的地位。“环”状的建筑布局使得建筑内部靠近景观的空间均获得良好的景观朝向，也使得建筑的使用者得以通过多个角度来对点状景观元素进行观赏（图 2–2）。“环”状的建筑布局实现了景观利用的最大化效果。

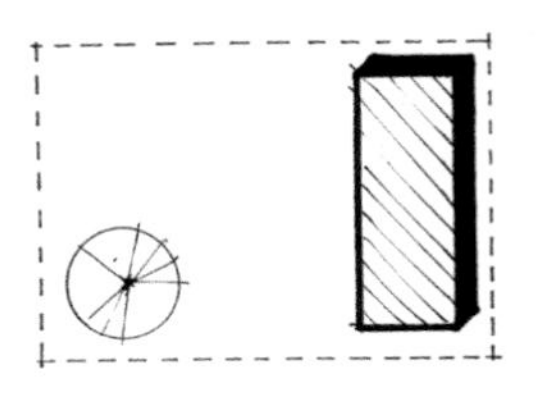

（a）布局一

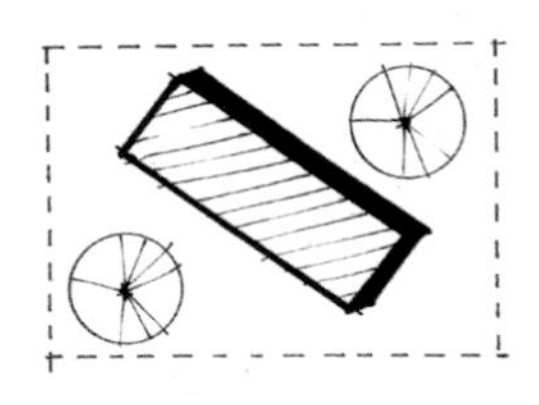

（b）布局二

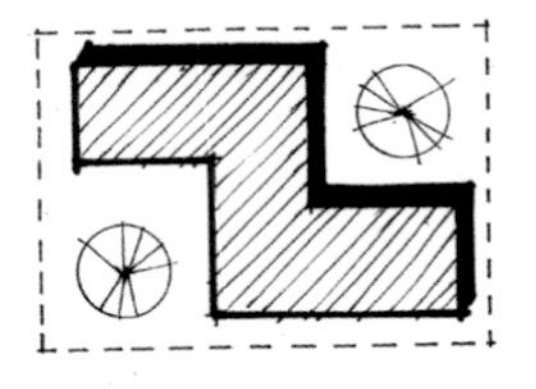

（c）布局三

图 2–1 “让”

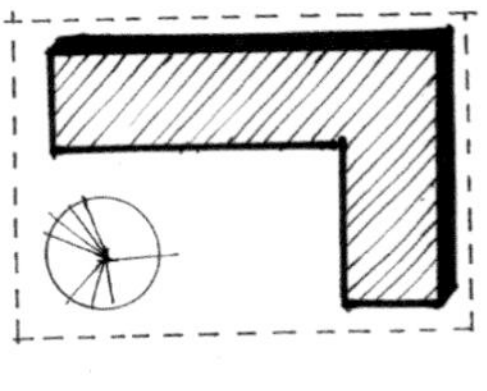

（a）布局一

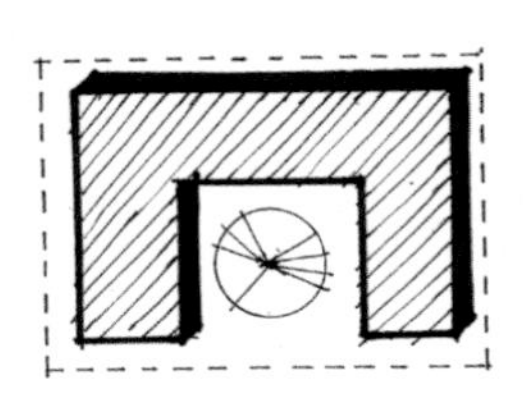

（b）布局二

图 2–2 “环”

2.1.2 竖向空间处理

通过对建筑竖向空间的处理，可以使景观元素渗透到建筑内部，实现建筑与环境的互融。具体地说，就是需要通过一系列的竖向空间处理，创造出与建筑紧密相连的室外空间，加强人在场地或者建筑中视线与景观的接触。

1. 架空

将建筑整体提升将底层空间架空，可以实现地面视线的穿透。相比于落地式建筑，架空避免了建筑实体对景观的遮蔽，是一种景观的非“占有化”处理手段，使得建筑外部的人群，不管是在场地内部还是场地外部环境中都可以拥有观赏景色的可能（图 2–3）。

2. 庭院

建筑可以对点状景观进行环绕，从而形成内置庭院。从剖面上看，庭院与点状景观的结合实现了景观对于建筑内部空间的渗透，建筑空间中的使用者可以通过多个角度观看景观。如果点状景观元素具备一定规模，可以首先将建筑整体化处理，然后直接在有景观的位置根据景观尺度的大小开设庭院，实现景观的渗透（图 2–4）。

3. 平台

竖向空间上还可以通过设置平台来呼应景观。对于点状景观，平台的位置选择应具有针对性，应与景观发生最为直接的联系，例如平台应选在与景观直线距离短的位置，或者高度匹配的位置确保观景效果。当建筑成环绕状围绕景观时，平台也可以跟随建筑形体对景观呈现出包围关系（图 2–5）。

4. 台阶

除了平台，还可以设置台阶来迎合景观，台阶的坡度可以通过增加踏步宽度的手段适当缓和，使其兼顾停留和交往空间的属性，因而台阶应迎向点状景观设置，以便停留人群的视线自然地聚焦在点状景观上。台阶可以接地设置，使其成为可达性较高的公共空间，还可以成为连接地面和上层建筑空间的通道；台阶还可以放置在顶层空间，使其在拥有观景优势的同时，成为丰富建筑形体的元素（图 2–6）。

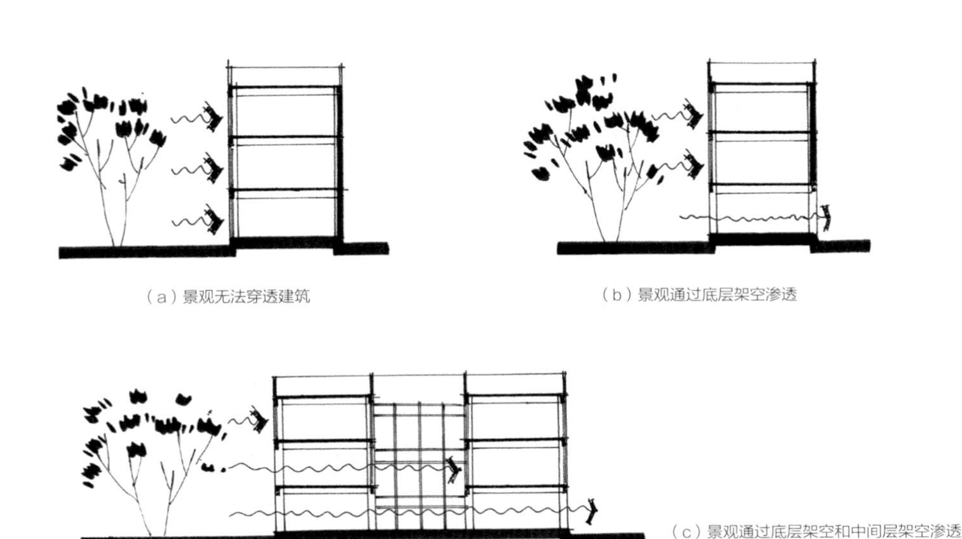

（a）景观无法穿透建筑

（b）景观通过底层架空渗透

（c）景观通过底层架空和中间层架空渗透

图 2–3　架空

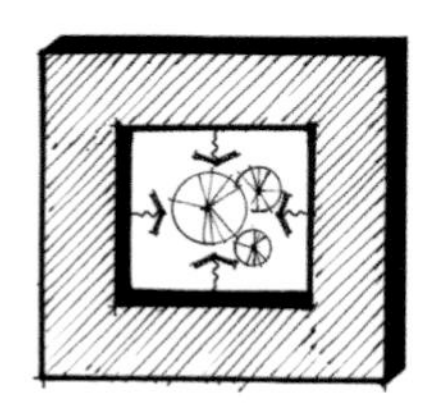

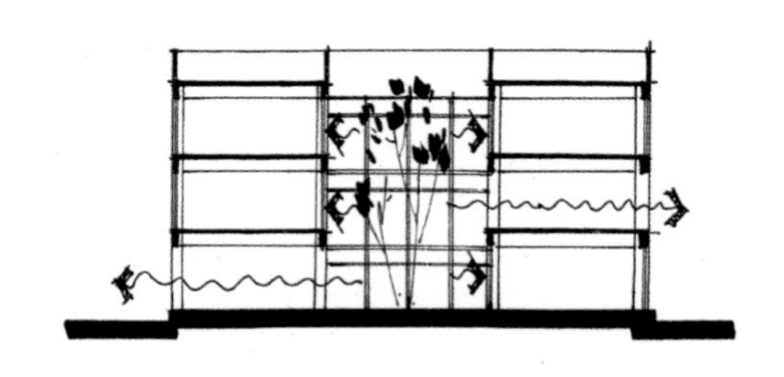

（a）建筑围合单点景观及景观渗透

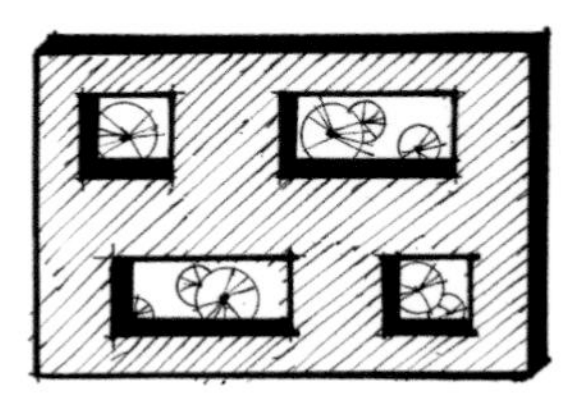

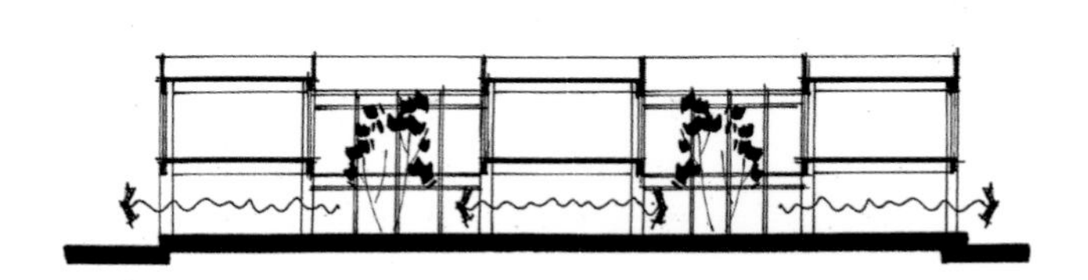

（b）建筑围合多点景观及景观渗透

图 2-4 庭院

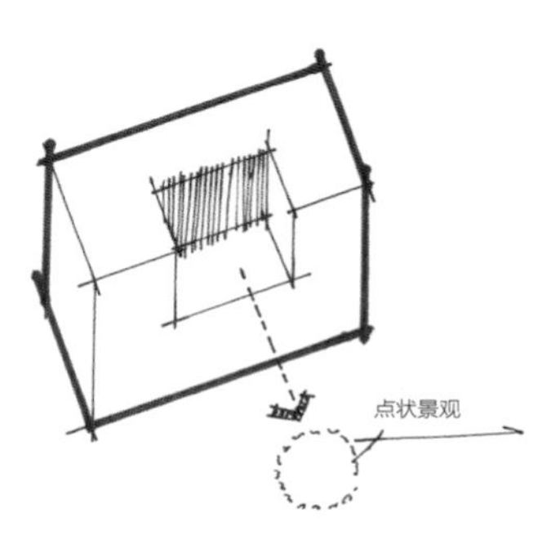

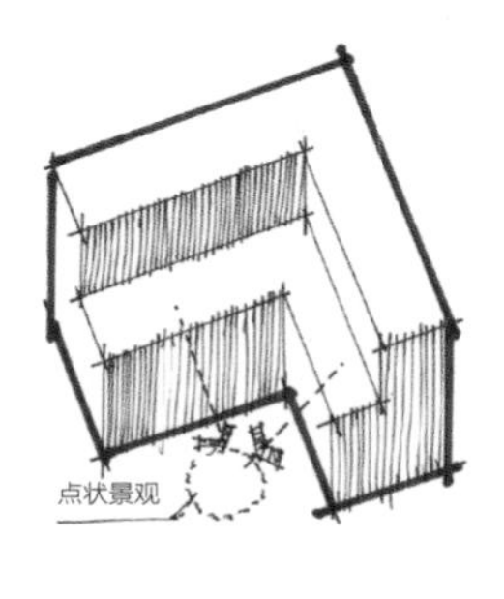

（a）点状屋顶平台呼应点状景观

（b）围合状屋顶平台呼应点状景观

图 2-5 平台

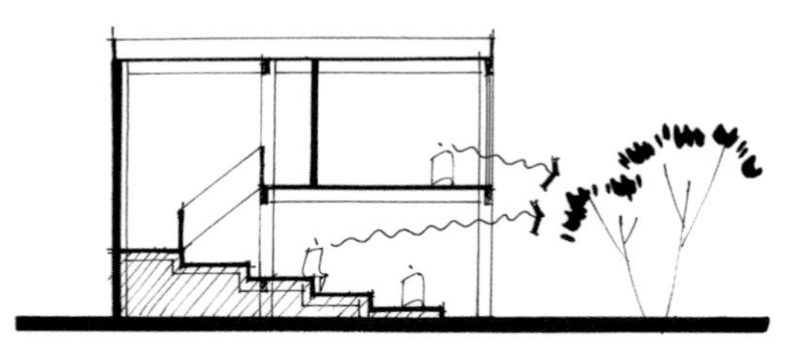

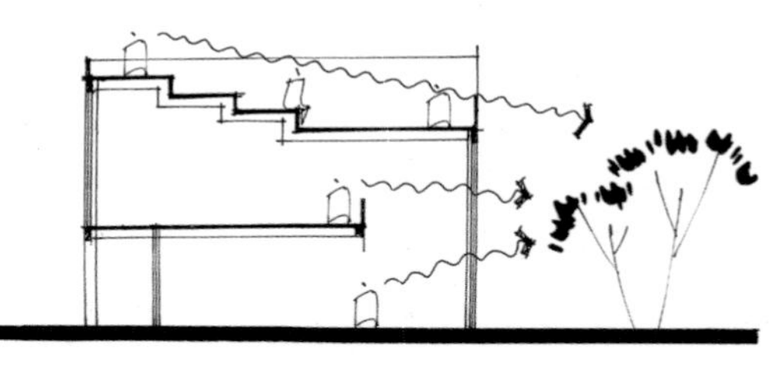

（a）室内台阶朝向点状景观

（b）室外台阶朝向点状景观

图 2-6 台阶

2.1.3 建筑形态处理

1. 立面

在面对点状景观时，建筑的景观面应该通透化处理，例如，可以将景观面进行大面积开窗，利用筒状元素围合，从而形成“取景框”的效果。或者“开洞”处理，形成多样的观景灰空间。所谓“开洞”，即竖向空间处理手法中底层架空与中间层架空在立面上的表征。

同时，在材质上也可以根据景观元素的种类或者环境特点进行选择和呼应。例如，对于偏向于自然的场地环境，就可以适当运用木材和石材对立面进行处理，来使建筑和自然环境产生有机关联（图 2-7）。

2. 形体

当景观元素个数较少，且分布在场地中的不同位置时，体块宜呈现出强烈的方向性来呼应景观，例如多个具有“取景框”的体块分别面向不同方向的点状景观；当点状景观元素个数较多分散在场地上时，建筑形体应呈现出“散”的感觉，具体表现为实体的溶解，即将建筑主体打散，插空布置在点状元素之间（图 2-8）。

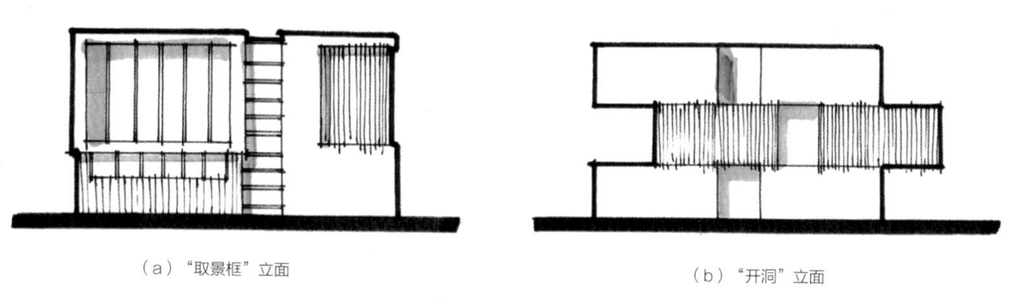

（a）“取景框”立面　　（b）“开洞”立面

图 2-7　立面

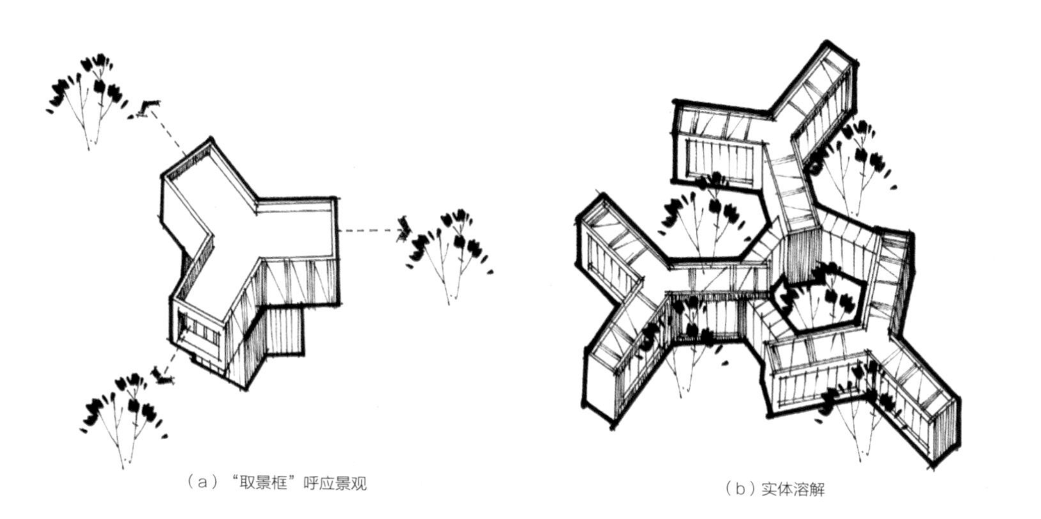

（a）“取景框”呼应景观　　（b）实体溶解

图 2-8　形体

2.2 建筑与面状景观

2.2.1 平面布局

当场地附近存在面状景观，如森林、湖泊或者城市绿地时，场地本身就具备了较为明显的景观朝向。因而在进行建筑平面布局时，要对景观朝向充分利用。与应对点状景观类似，可以将建筑入口空间，高品质的功能空间或者一些共享空间布置在和景观朝向一致的方向，从而提升建筑的空间品质。从整体上看，对于面状景观，建筑布局一般会呈现出“迎”与“融”的姿态。

1. “迎”

“迎”是指建筑要迎合景观。从平面布局的角度看，“迎”意味着建筑平面形态对面状景观呈现出延伸态，即建筑的景观面进行最大化处理。例如，当景观仅位于场地的某一特定方向时，可以利用线性布局让建筑拥有最大的景观面；当景观位于场地的多个方向时，即景观对场地呈包围关系时，可以将利用圆形、环形等布局使得更多的建筑空间获得最佳景观朝向（图 2–9）。

2. “融”

“融”是指建筑与景观接触并互融。当面状景观与场地关系极为密切时，就可以让局部建筑实体向景观延展，伸入景观内部。例如，当场地紧挨湖泊等自然景观时，就可以让建筑突破陆地和水域的界限，向景观延伸，使建筑融入景观中（图 2–10）。

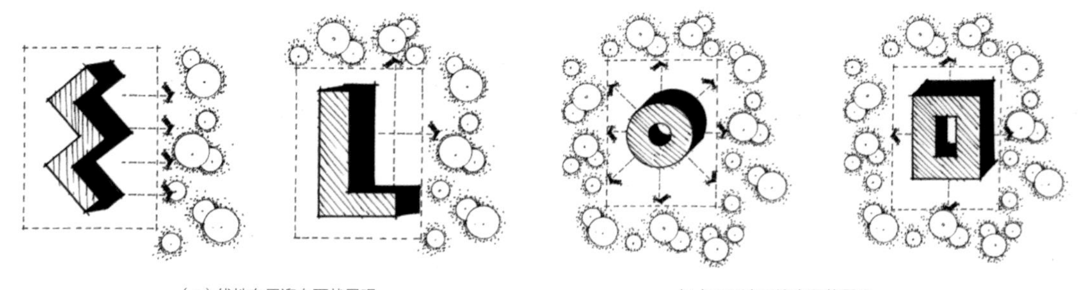

（a）线性布局迎向面状景观　（b）环形布局迎向面状景观

图 2–9　“迎”

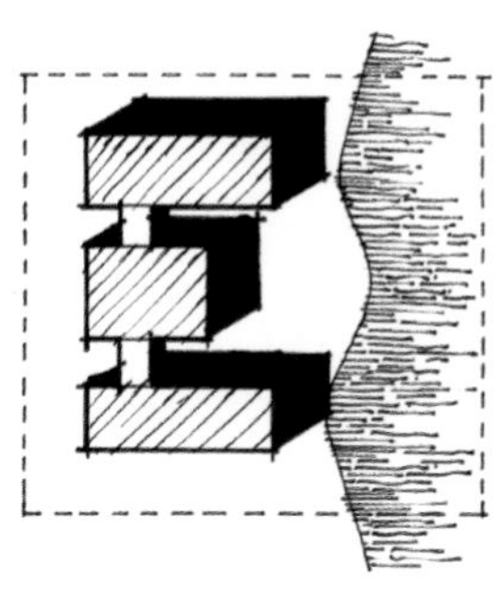

（a）建筑与景观脱离

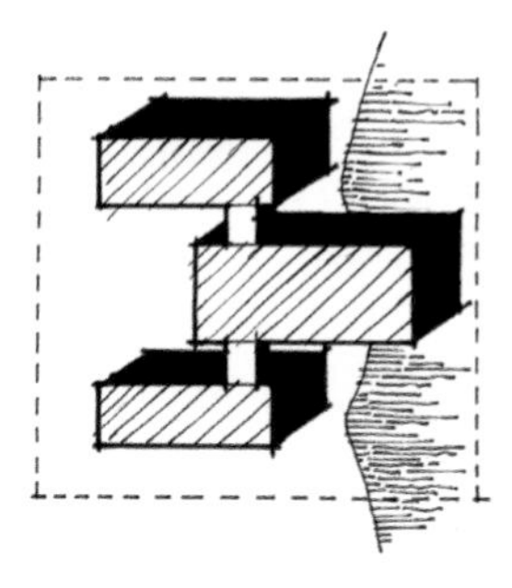

（b）建筑融于景观

图 2–10　“融”

2.2.2 竖向空间处理

在竖向空间设计方面，也要考虑充分利用景观朝向、让景观渗透到建筑空间，使使用者通过各种方式与景观产生互动。整体上看，对于面状景观，可以通过架空和设置平台两种方式实现建筑与景观的互动与共融。

1. 架空

当场地中存在大面积水域或者是需要保护的植被时，可以利用底层架空使建筑凌驾于场地之上，仅必要的支撑结构落地，这样就可以保持较为完整的场地原貌，也降低了建筑落地防水处理上的难度。

架空也使建筑变得通透，当场地环境处在炎热地区的滨水地带时，底层架空与中间层架空能让建筑呈现出多孔态，这种自由疏松的建筑形体还有利于提升建筑内外的通风质量，改善建筑微气候。此外，中间层架空也形成了灰空间，当朝向景观设置时，就形成了观景平台（图 2-11）。

2. 设置平台

对于面状景观，可以结合建筑形态轮廓设置连续的屋顶平台来呼应景观朝向，或者设置连续的退台面向景观，还可以利用可上人屋面形成观景平台。除了对建筑本身进行处理，还可以将平台元素结合廊道或者路径，延伸至景观内部，形成高品质的观景平台（图 2-12），例如，伸入水域中的亲水平台或者延伸到森林中的观鸟台等。

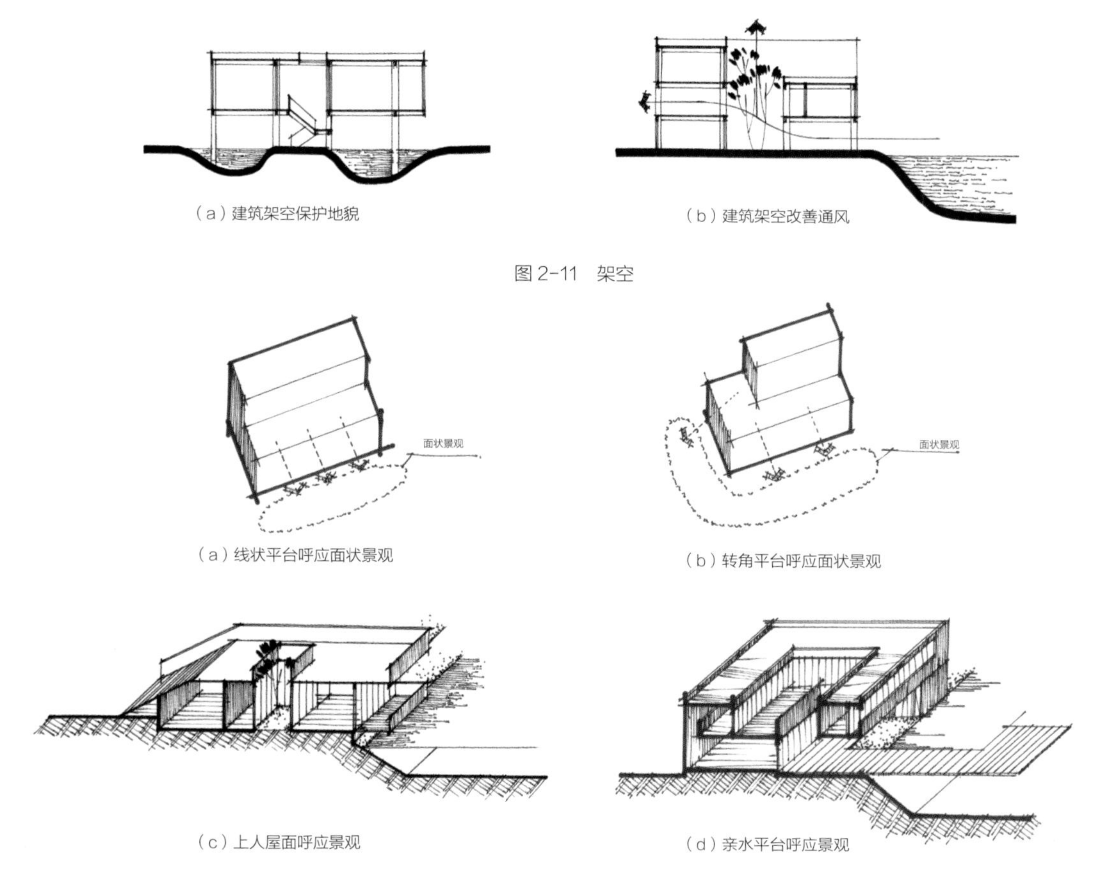

（a）建筑架空保护地貌

（b）建筑架空改善通风

图 2-11 架空

（a）线状平台呼应面状景观

（b）转角平台呼应面状景观

（c）上人屋面呼应景观

（d）亲水平台呼应景观

图 2-12 平台

2.2.3 建筑形态处理

当场地具备景观优势时，与应对点状景观策略一致，面向景观的建筑立面宜做通透化处理，简单来讲，就是要保证立面的开窗率，开窗率越大，建筑所呈现的通透感就越强。在立面材质的选择上，可以适当运用石材或者木材来对自然景观进行呼应。

在建筑形体操作上，从非景观方向到景观方向呈现出由封闭到开放的过渡。景观朝向的建筑形态可以相对自由，例如突出体块向景观方向延伸，与景观直接相融（图 2–13）；或者扭转变形，形成多向的且空间感丰富的观景空间（图 2–14）；或者直接将景观方向的完整体块打散，通过连廊或观景平台和建筑主体相连（图 2–15）。这种由封闭到开放的过渡，还使得景观可以透过开放部分以多种路径向建筑内部空间进行渗透（图 2–16）。

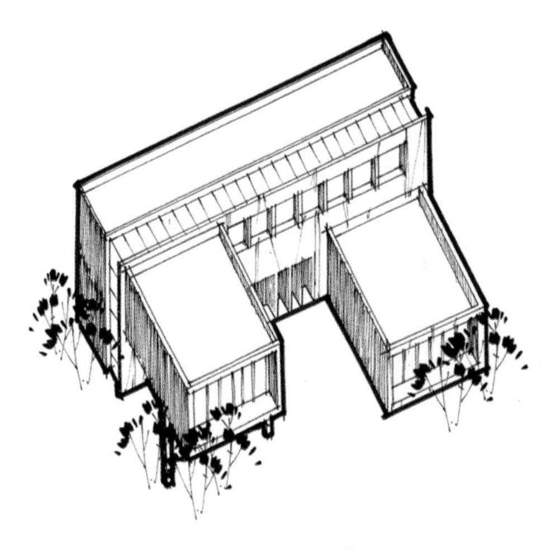

图 2–13　体块延伸

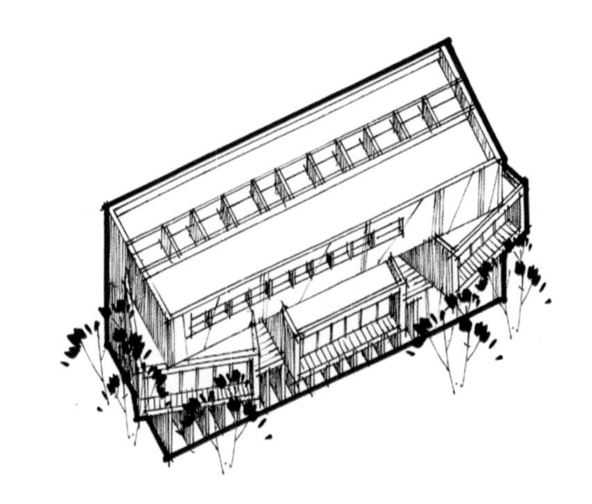

图 2–14　体块扭转

图 2–15　体块打散

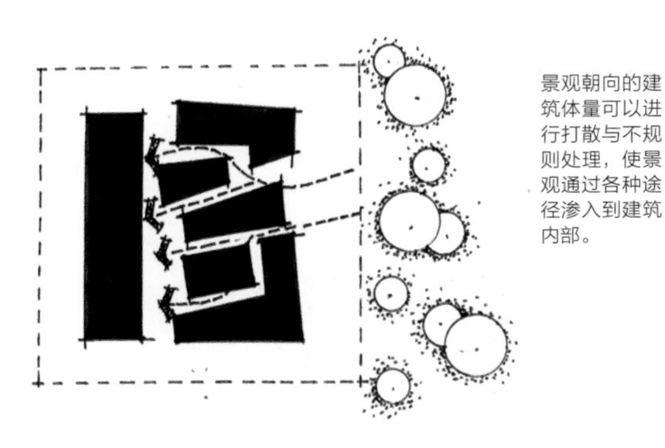

图 2–16　景观渗透

3 特殊地形限定与设计策略

特殊地形主要是指非平坦的，场地中存在高差的地形环境，包括坡地与洼地。这些竖向上的限定也为建筑设计提升了难度，总的来说，对于具有高差的场地环境，建筑设计的侧重点在于处理建筑空间和高差之间的关系。以下将从剖面与形体两个方面对设计策略进行阐述。

3.1 平面布局

对于具有高差的地形环境，方案设计时，平面布局除了应遵循平地建筑设计的一般规则外，在入口的选择和功能分区上仍需进一步考虑。

3.1.1 入口

对于坡地或山地建筑，建筑的入口具有多向性的特征。例如，一栋处在坡地上的建筑，主入口在下部，那么进入建筑内部最高层空间的流线就是单一的，并且是漫长的。为了丰富建筑的内部流线，增强建筑内部各个功能的可达性，可考虑在不同环境标高处设置建筑出入口（图 3–1）。当建筑体量较小自身无法连接不同标高的场地时，还可以通过“架桥”的方式将室外环境与建筑相连接，这样就可以使建筑内部空间流动性增强的同时使建筑本身也成为沟通室外不同标高环境的“桥梁”，在视觉上也具有一定冲击力（图 3–2）。

3.1.2 功能分区

对于不规则地貌的地形，建筑空间在进行功能分区时还应根据功能的性质与需要选择合适方位。例如，对于山地建筑，入口附近的可达性较强，因而一些类似于仓储的功能宜靠近入口，方便货物的运输。另一方面，正是由于复杂的地形，建筑竖向空间也会相对丰富，流线也会复杂，因而可以将一些较为私密的功能，如茶室、客房，放置在流线不易到达的位置，以保证空间的私密性（图 3–3）。

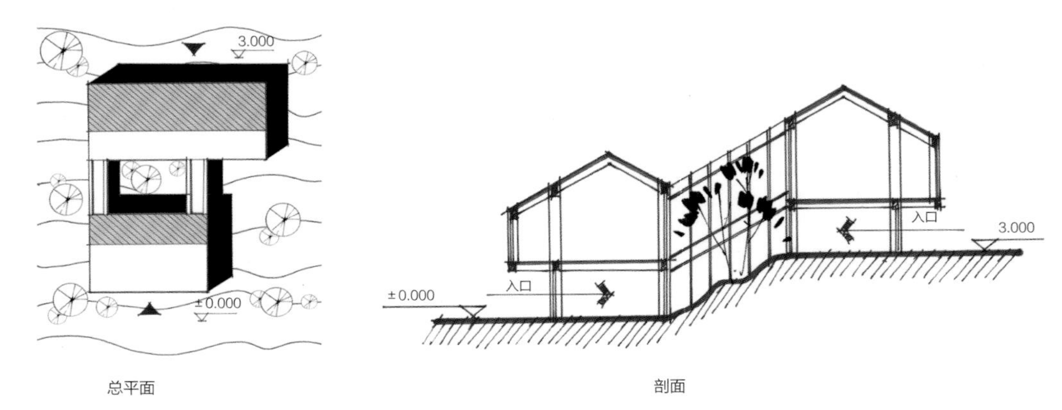

图 3-1　入口的多向性

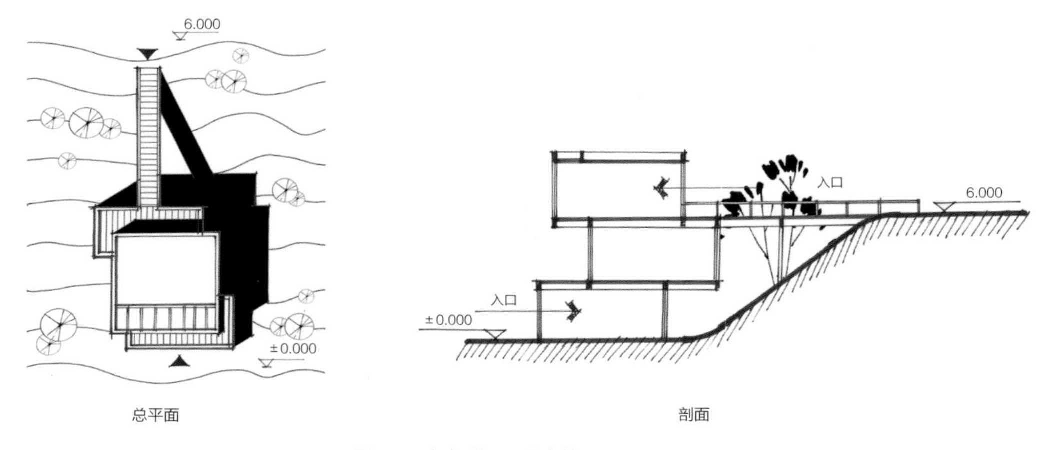

图 3-2　架桥联系不同高差

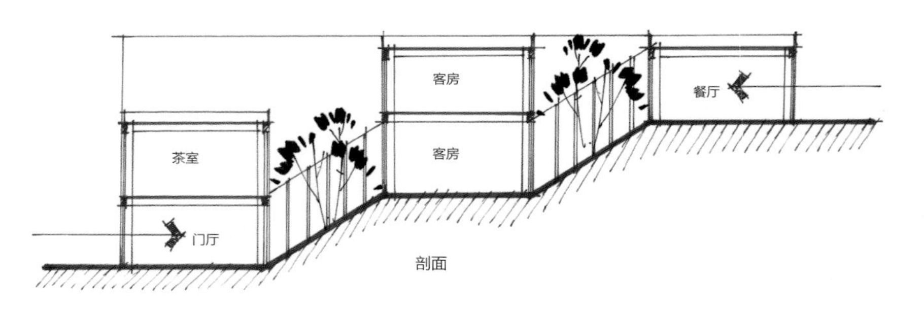

入口附近放置门厅与餐厅等需要较强可达性的功能，而可达性较弱的区域就可以放置对私密性要求高的功能。

图 3-3　利用地势设置功能分区

3.2 剖面设计

剖面设计表现了建筑空间与基地高差的关系。不同接地形式适用于不同的地形条件，带来不同空间效果的同时，对场地景观环境也会造成不同程度的影响。通常来讲，对于具有高差的特殊地形，按照建筑与高差地形基面相对关系的不同，可以分为地下式、架空式和地表式三种形式。

3.2.1 地下式

地下式有完全覆盖和部分覆盖的形式。建筑埋入地形之中，仅保留建筑的出入口，或者建筑的一部分被地形覆盖，另一部分突出于地形（图 3–4）。采用地下式的接地形式有利于建筑节能，可以取得冬暖夏凉的效果，但是在自然通风与采光方面欠佳。因而对建筑进行埋地设计的时候，可以适当将自然光线与通风引入建筑空间，例如开设天窗或者置入庭院（图 3–5）。

3.2.2 架空式

架空式就是建筑的底面与地形表面完全或者局部脱开，以柱子或局部地面来支撑建筑。架空这种剖面形式极大增加了建筑对于特殊地形环境的适应性，减少了对地貌的影响。架空式的接地形式也适用于平地区域，用以防潮。一般架空的形式可以分为全完全架空和局部架空两种形式（图 3–6）。

完全架空是指将建筑底面与基地完全脱开的形式，不仅可以最大限度保留原始地貌，还可以提升建筑高度来获得更好的视野。但是完全架空忽略了建筑与地形的适应性，强调的是一种对比关系。局部架空也就是“吊脚式”，建筑一部分直接与地形接触，另一部分依靠柱子进行支撑。局部架空可以更好利用地形起伏，当场地高差起伏不定时，利用局部架空可以形成丰富的建筑形体（图 3–7）。

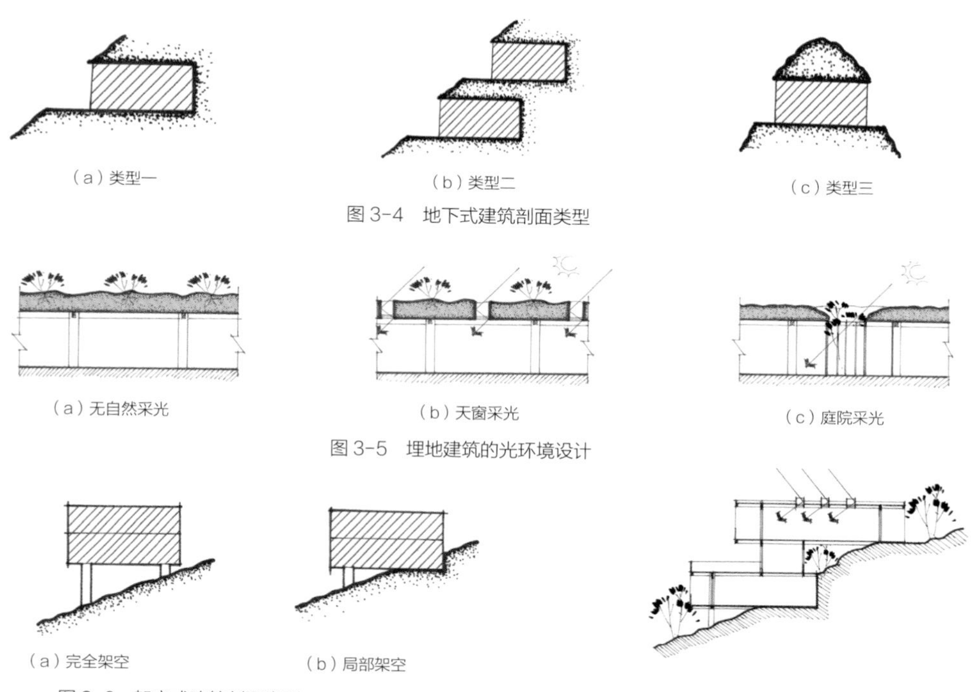

（a）类型一　（b）类型二　（c）类型三

图 3–4　地下式建筑剖面类型

（a）无自然采光　（b）天窗采光　（c）庭院采光

图 3–5　埋地建筑的光环境设计

（a）完全架空　（b）局部架空

图 3–6　架空式建筑剖面类型

图 3–7　架空式建筑适应地形起伏

3.2.3 地表式

在地表上与基地相接是建筑最常见的接地方式，其最主要的特征就是建筑的地面与地形直接发生接触，当地形有高差起伏时，建筑的底面也会随之发生变化。地表式是最能够体现地形特点的剖面接地形式，在快速设计中可根据建筑的功能布局，空间的形态关系对建筑的底面加以调整，建筑由此形成错层、掉层、跌落等不同的剖面形态。

1. 错层

错层是指同一建筑内部形成不同标高的楼地面，在平地建筑设计中也较为常见，不同高度的空间丰富了建筑内部的空间体验。对于具有高差的并且坡度较缓的特殊地形，错层是一种在建筑内部消化地形高差变化的常用处理方式。通常错层楼板之间的高差可以通过台阶、楼梯和坡道来处理（图 3–8、图 3–9）。

2. 掉层

当错层高度大于等于一层时，就形成了掉层。掉层适用于坡度较陡的地形，可以充分利用陡峭的地势，让室内获得更大的空间（图 3–10）。

3. 跌落

跌落是指建筑顺地势层层降低或升高，最终形成阶梯状的布局。跌落常常适用于由小单元体组成的建筑，如旅馆、住宅建筑。这种接地方式更加灵活，建筑的体量会随着山体变化，并且下层的屋顶可以成为上层的阳台或者是其他活动场所，对室内室外环境都能带来丰富的变化（图 3–11）。

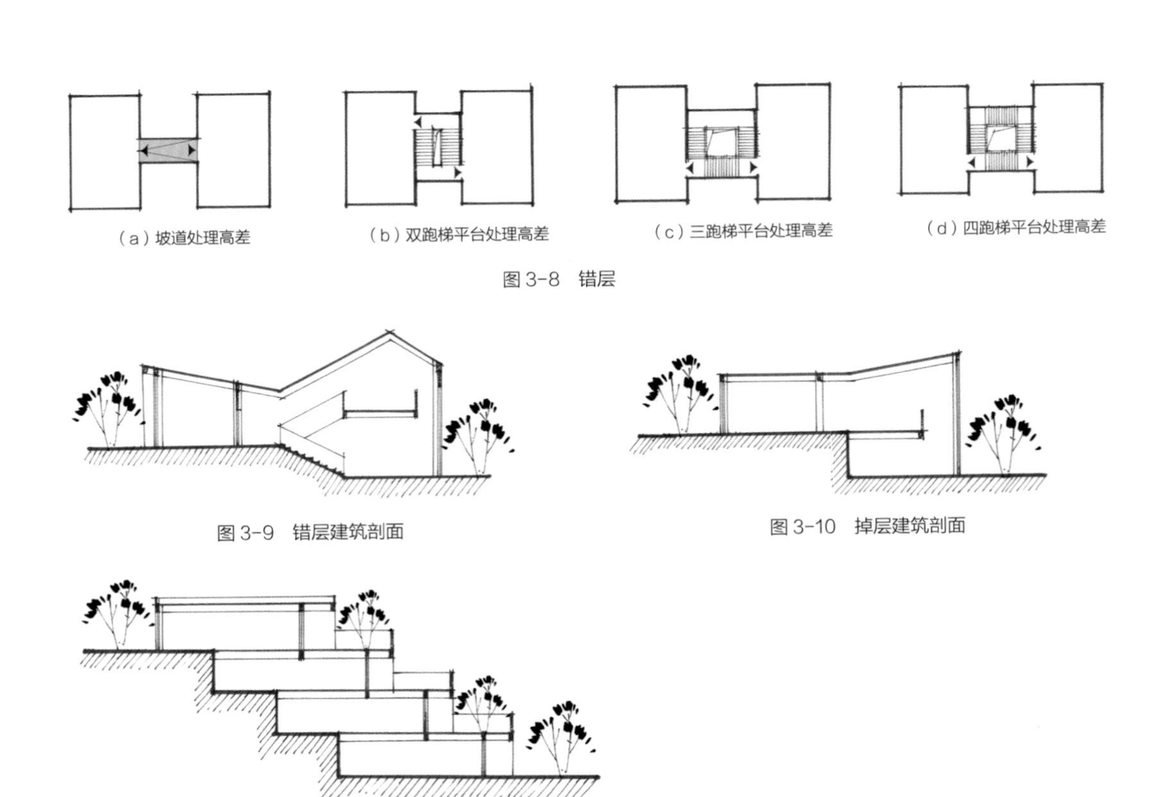

（a）坡道处理高差　（b）双跑梯平台处理高差　（c）三跑梯平台处理高差　（d）四跑梯平台处理高差

图 3–8　错层

图 3–9　错层建筑剖面

图 3–10　掉层建筑剖面

图 3–11　跌落

3.3 形体设计

对于竖向不规则基地建筑在造型上的特点，主要体现在建筑与地形的相关性和建筑形体的多样性。相关性是指建筑空间对于地形的利用，例如具有高差的建筑空间，如观演空间或者大台阶空间等，就适合利用原本存在的高差，减少建筑的经济造价。多样性是指高差对于建筑形体的影响，相似的建筑体量位于不同的标高时，就会形成丰富错落的建筑形体。

3.3.1 形体与场地的关系

1. 融入场地

建筑形体可以和场地最大化相融，减少建筑对地形地貌的破坏。当建筑体量较小时，可以将建筑直接隐匿于场地之中，例如埋入山体或者将建筑形体处理成跌落式，尽最大可能迎合地形走势。当建筑规模较大时，为使建筑融入场地，一般会将建筑体量进行分解，让各个体块随着地形的起伏产生高低错落之感。

2. 突出场地

当场地条件过于不理想，或者地形地貌不需要加以保护，或者建筑功能对空间平整度具有较高要求时，可以考虑将建筑形体突出于场地，保持较为完整的建筑体量。这种处理方式常见于山顶，位于山顶的建筑具备最佳的开阔视野，可以突出建筑的外向性和开放性，因此，可以在不明显破坏场地景观环境的前提下，突出建筑的个性，形成全新的建筑景观。

3.3.2 形体造型元素

在建筑立面设计方面，建筑材质和色彩的选择应与环境风貌相匹配。就形体处理而言，要考虑建筑形体与环境的协调和建筑内部空间的使用效率。

1. 架空

在具有高差的场地环境中，将建筑底部进行架空是一种常见的造型处理方式。架空一般是为了协调建筑与场地高差，为建筑内部空间争取更多的开放而平坦的使用空间（图 3–12）。同时架空也使得建筑更显轻盈与开放，促进了建筑与环境的交融。

2. 悬挑

悬挑与架空类似，都能够形成轻盈的建筑体量，一般用于小体量的建筑设计。然而悬挑需要充分的结构保证，在一般的设计中应避免出现过度的体块出挑（图 3–13）。

3. 退台

退台既符合高差地形的环境特点，又可以丰富建筑形体，同时可以提供介于公共与私密属性的室外活动空间，营造视野良好的观景场所。在山地建筑中，退台一般会结合建筑屋顶设置（图 3–14）。

4. 屋顶形式

除了通过处理建筑的整体形态来增加建筑与场地的相关性和建筑形态的丰富性外，面对具有高差的地形，还可以利用建筑屋顶形式促进建筑与场地环境的融合。

建筑可以采用平屋顶，利用体块的错落或者退台迎合地形高差，或者采取大平层的手法使建筑的平整与环境的高差形成鲜明的对比。

还可以采用坡屋顶，例如单坡屋顶就可以使屋顶坡度与山地坡度相一致，当坡度较大时，单坡屋顶既可以是屋顶，又可以作为建筑空间的水平围护结构。双坡屋顶也可以适用于具有高差的地形环境，因为双坡屋顶自身就与坡地地形有着形态层面的关联度。当建筑处于自然景观中，还可以将双坡屋顶进行不规则化处理，使得建筑形体更为接近自然美的无序感（图 3–15）。

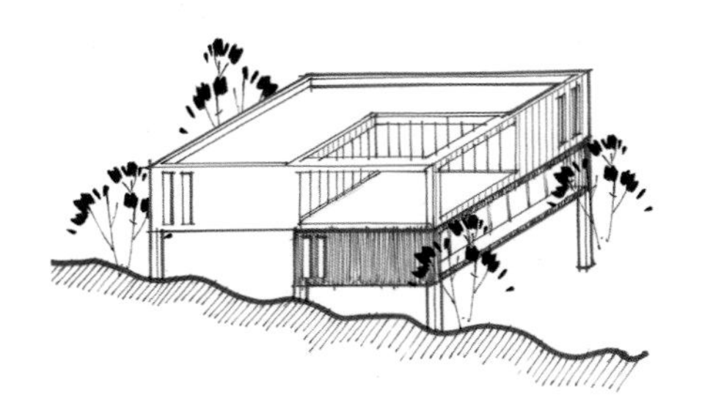

图 3-12　架空建筑形体

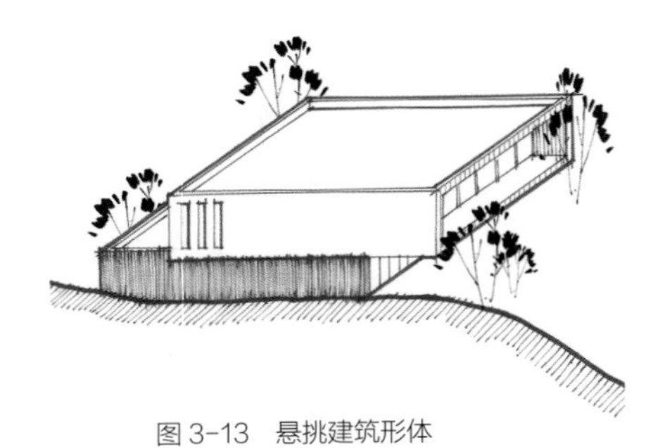

图 3-13　悬挑建筑形体

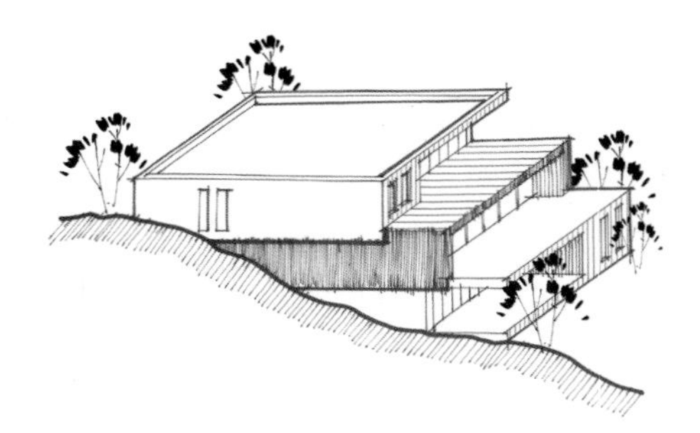

图 3-14　退台建筑形体

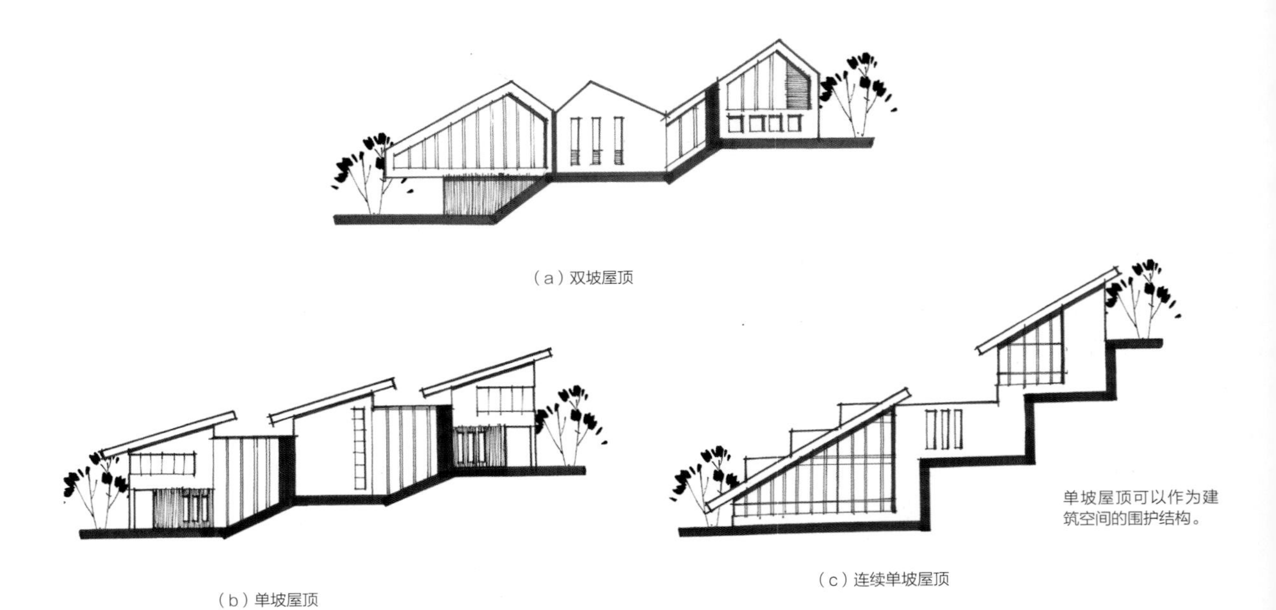

（a）双坡屋顶

（b）单坡屋顶

（c）连续单坡屋顶

图 3-15　屋顶形式

城市环境限定与设计策略

4.1 城市环境中的有利因素

4.1.1 城市肌理

城市肌理可以凸显一座城市或城市区域内的轴线，以及建筑、街道与其他环境的尺度与形态。城市肌理表现了地区历史文化的演变，也承载了一代又一代居民的记忆，因而建筑设计需结合城市文脉来进行，从而使建筑自然和谐地融于现存的城市环境中。对于快速设计，肌理对建筑的影响一般可以从建筑物平面尺度、平面形态和轴线呼应三个方面来思考。

1. 平面尺度

建筑的平面尺度应与周边现存建筑的尺度相匹配，以达到建筑与周边环境的融合。当建筑面积较大时，需在保证建筑使用面积的同时采取策略消解建筑的体量感。一般来讲，可以将较大的建筑体量分解成与周边环境中的建筑体量相似的尺度，再将这些小体量通过一定方式进行重组，重组的方式一般包括串联、错位和围合等（图 4–1）。

2. 平面形态

当周边环境如建筑物的平面布局呈现出明显的方向性时，在方案设计初始阶段宜考虑建筑布局方向与环境的一致性，使新建建筑肌理与城市环境融合。当环境中的建筑具有特殊的形态特征时，建筑设计也可考虑提取这些形态特征来与现存环境相呼应。例如苏州博物馆就在建筑平面形态层面参考了其周边的传统建筑，整体呈围合形态，并且和院落空间互相交织。最终新博物馆和老建筑的肌理融为一体，在全新的建筑空间内人们依然可以感知传统（图 4–2）。

3. 轴线呼应

建筑设计还可以和既有环境中的轴线发生关联。首先，建筑可以成为轴线中的构成元素，从而起到延长轴线的作用，如贝聿铭设计的美国华盛顿国家美术馆东馆，其平面形态与老馆就存在着明显的轴线延续关系，东馆平面形态的重心就处在老馆延伸出的轴线上。其次，建筑还可以与既有环境中的建筑呈现出对称关系来凸显轴线的地位，例如位于中国天安门广场东西两侧的人民大会堂与国家博物馆就呈现出对称化的布局，对故宫、人民英雄纪念碑和毛主席纪念堂所呈现出的中轴线起到了非常强烈的强调作用。在快速设计中的运用，可以体现在新建建筑与以轴线为中心的另外一侧的建筑找对称关系，通过较为对称化的肌理来凸显轴线（图 4–3）。

4.1.2 城市风貌

除了考虑建筑的平面布局与城市肌理的和谐关系，在形态层面上的呼应也是必要的。建筑处于城市环境中，应对城市环境报以尊重的态度，避免过于异类而撕裂城市文脉。从形态上讲，城市风貌主要体现在建筑的体量与造型。

体量与造型都可以在建筑立面上得到体现，例如在一些历史保护街区，新建建筑就要在建筑高度上和立面设计上加以限制，促使新老融合。在造型层面，新建建筑要充分分析周边环境中的建筑造型特点，加以演绎后展现在自身方案中。例如周边建筑均呈现出坡屋顶形态，那么新建建筑也可以对这一形态特点进行延续，加以变形之后形成各种各样的坡屋顶造型；或者周边建筑使用了较为有特色的建筑材料，呈现出较为一致的建筑色调，新建建筑也可以在立面造型中对这类材质或者是材质色彩进行体现。

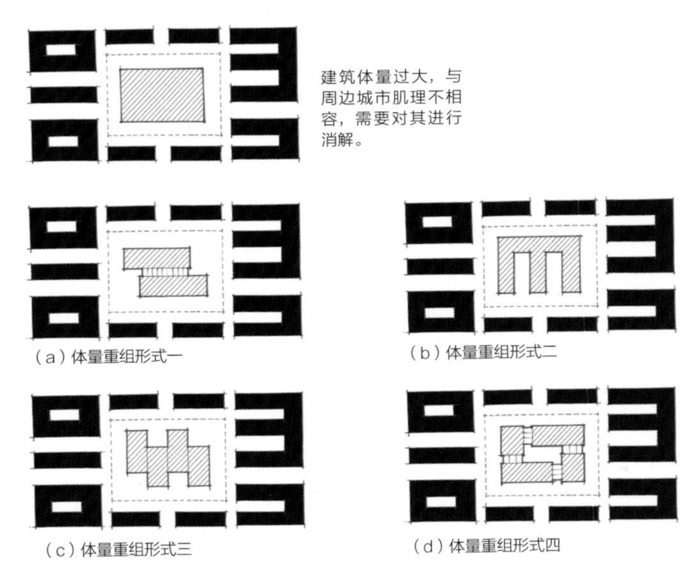

图 4-1　尺度消解及重组

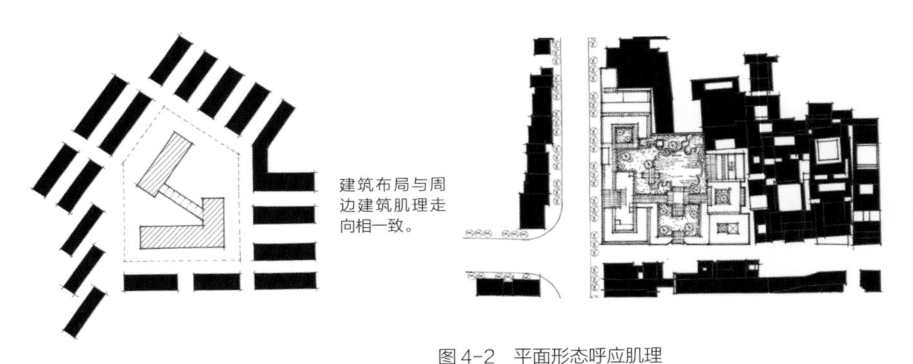

苏州博物馆的建筑平面形态提取了苏州传统民居中的形态元素，与老建筑肌理融为一体。

图 4-2　平面形态呼应肌理

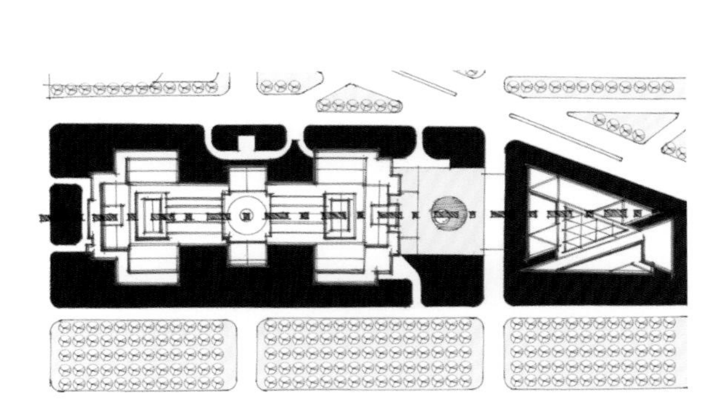

华盛顿国家美术馆东馆的平面中心位于老馆平面轴线的延长线上，新老建筑在几何关系上形成了和谐的关系。

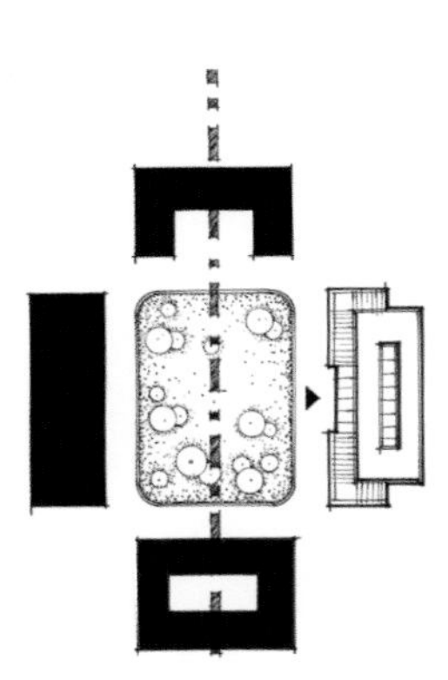

建筑的位置可以进一步强调轴线。

图 4-3　轴线呼应

4.2 城市环境中的不利因素

处于城市环境中的场地不可避免地会受到城市既存设施的影响，例如高架桥附近的场地会受到噪声的影响，靠近高压电网、变压机房的场地则需要考虑安全性，垃圾处理站或者污水井一旁的场地则要考虑环境品质。除了地面上的限制性元素外，还有可能是位于地面之下的管道或交通设施，它们同样会成为限制场地与建筑设计的因素。

面对景观，建筑和场地设计需要考虑与景观的互动；面对城市历史与风貌，则需考虑建筑对文脉的延续。总之，建筑会以积极的姿态来面对景观与历史。然而对于城市设施，在进行场地与建筑设计时，往往会对这些元素采取回避性策略，来减少其对建筑的影响。所谓回避性策略，主要是指对设施采取退让或者遮挡的手段。

4.2.1 退让

当场地本身或者周边存在不利环境因素时，一般会使建筑避让开这些因素，来保证场地和建筑的安全性和空间的品质。

为确保安全，首先，面对变压器和高压电网这些城市设施时，除了使建筑主体尽量与之脱开之外，还应在周边设置阻隔，降低可达性。例如可以在这些设施附近设置绿地，并设置灌木隔离带阻挡行人靠近（图4–4）。而在地下轨道周边新建、改建建筑物时，要充分考虑轨道交通的运行和建筑工程的安全，根据轨道交通的相关规范，充分退后轨道交通控制线。

当场地环境中存在污水井或者垃圾处理站等会影响空间品质的因素时，除了退让之外，还应注意在进行空间排布时，应尽量将主要使用空间或者高品质的公共空间避开污水井或者垃圾处理站，以保证主要使用空间的品质（图 4–5）。

4.2.2 遮挡

对于城市环境中的不利因素，最直接的应对手段就是对其进行遮挡，遮挡一方面阻断了视线与不利因素的接触，还可以起到吸收环境噪声的作用。例如从场地设计的角度，可以在不利朝向设置树阵或者隔墙阻隔视线与不利因素的接触，当不利环境因素是噪声源时（快速路），树阵和隔墙还能对环境中的噪声进行过滤和遮挡（图 4–6）；从建筑设计的角度来看，在不利朝向宜尽量减少立面开洞，使该朝向的立面形态呈现出较高封闭性，从而降低使用者与不利环境因素的接触。

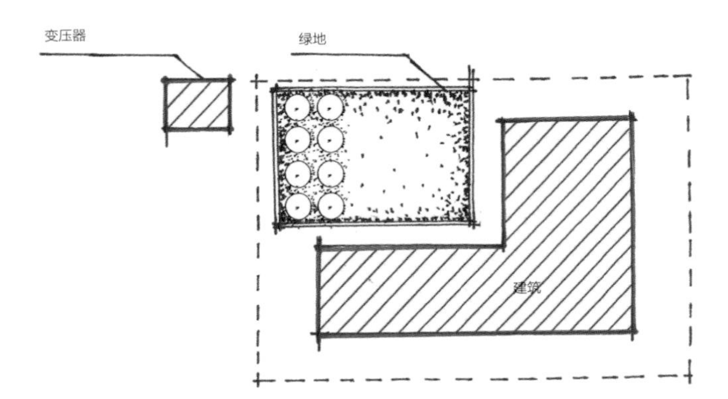

绿地的置入降低了变压器的可达性，树阵阻挡了视线。

图 4-4 建筑退让不利环境因素

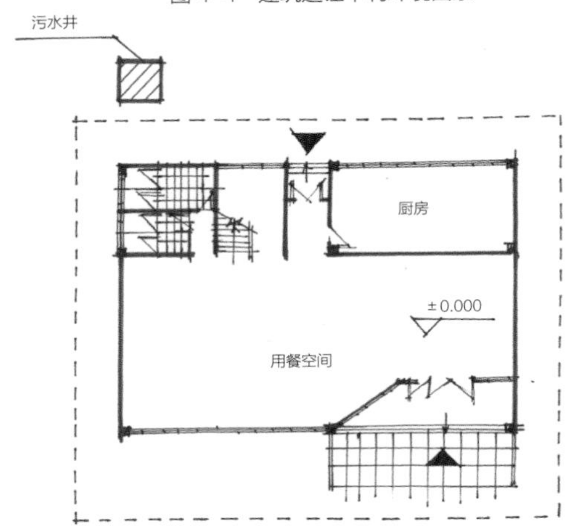

餐饮空间避开污水井，将卫生间置于最不利朝向。

图 4-5 主要使用功能避开不利因素

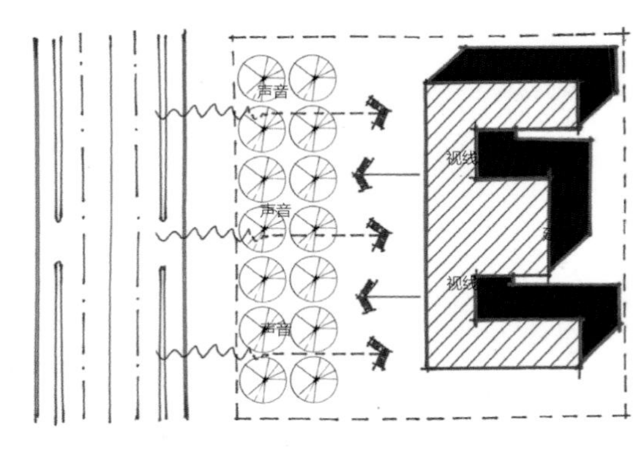

绿化可以起到过滤噪声以及遮挡视线的作用。

图 4-6 噪声遮挡与过滤

经典案例分析

5.1 上海华鑫中心 / 山水秀建筑事务所

上海华鑫中心最大的特色就是建筑基地被六棵香樟树限定，主体由四座独立的体块穿插其中串联起来。设计贯通了两个基本的策略：一个是建筑主体抬高至二层，最大化开放地面的绿化空间；另一个是保留六棵香樟树，在建筑与树之间建立亲密的互动关系。主要总结为以下三点。

1. 建筑与树的关系

在这里，建筑与树尽情地交织在一起，一起营造出一个个纯净的室内外空间。由于树本身是场地的限定因素，建筑于是完全尊重迎合了环境要素，将四个体块完全穿插于树中间。是一个建筑和自然合作的作品。

2. 架空的建筑体量

四个建筑体块首层完全架空，建筑首层向场地完全开放。这样首先达到了视线的通透，人可以围绕建筑在各个不同的角度体验欣赏建筑。其次，架空的建筑通过交接形成多个小庭院，使得二层的空间与首层连接，并延续到树冠空间中，整体流动而自然。

3. 体块的相似性

四个建筑体块拥有共同的母题，相似的体量在穿插时，可以更好地结合，达到构图统一的效果。这种体量也是源于对场地中香樟树的尊重，架空的首层如同树干，二层形态如同树冠，整个平面具有树的向心力，构图与树木的自然生长状态具有相似性，整体和谐统一。

建筑外观

架空

图片来源：https://www.archdaily.cn

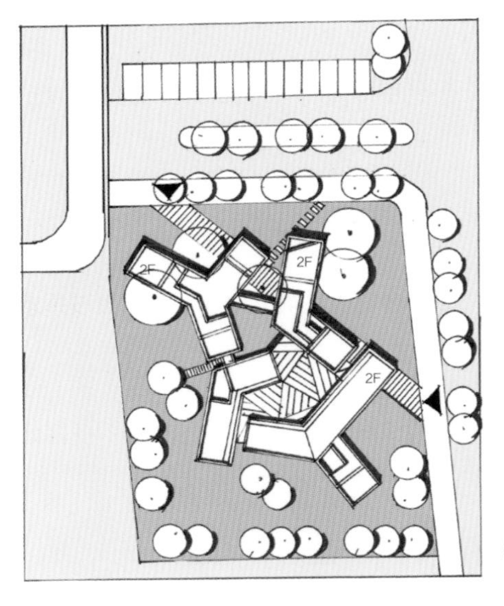

四个母题和体量相同的建筑体块与基地内部保留树木交织在一起，建立建筑与树木间亲密的互动关系。

建筑总平面图

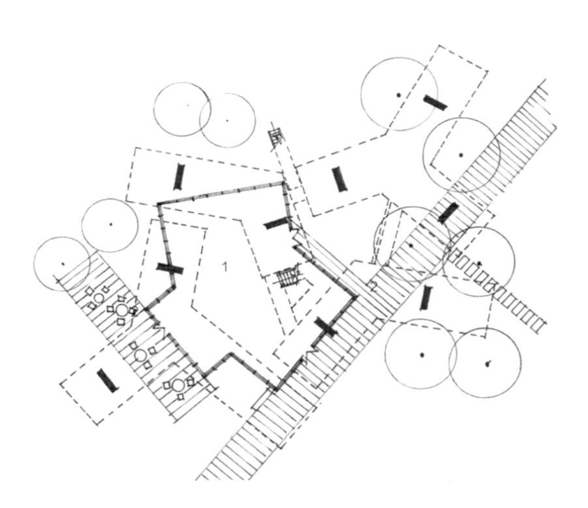

底层架空，建筑首层向场地绿化空间完全开放，并且实现视线的通透。

建筑一层平面图

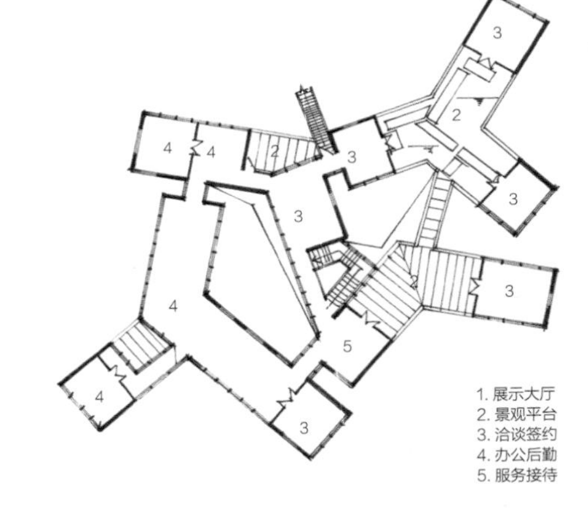

二层空间散布在树冠中，灵动自然。多个水院和露台穿插其间，丰富了空间层次，多角度与自然融合。

建筑二层平面图

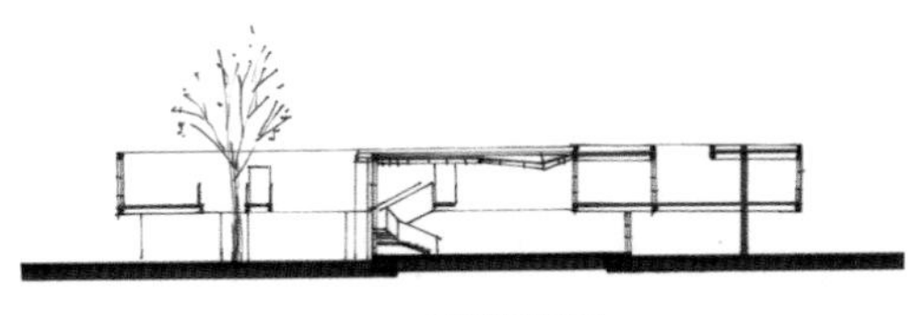

建筑剖面图

5.2 半山林取景器 / 迹·建筑事务所

半山林取景器位于一个公园半山的树林之中，是一个服务于市民的公园服务设施。为了保护场地里的现状树木，建筑采取了三叉避让树木的策略，从而使得建筑与景观、城市建立起紧密的视线联系。建筑结合山地地形，半嵌入坡地中，通过拾级而上的台阶拓展出平台，成为市民欣赏城市风景的公共空间。主要要点如下。

1. 建筑立面

建筑立面如同三个取景框，伸向不同的方向。形式统一而和谐，非常适合山地地形，取景框的主题呼应了建筑的性质——一个开放的观景建筑。取景框不同程度地悬挑伸出了山地，形成半嵌入山坡的感觉，也是山地建筑常用的手法。

2. 建筑形体呼应景观

建筑最主要的策略就是避让场地的树木，为此建筑主体布置为不规则的三叉形式。虽然平面的三岔为不规则的角度，但它们实则分别指向城市三个著名景观（刘公岛、海港、环翠楼），从而使整个建筑形成了与场地、城市非常紧密的景观关系。

3. 观景平台

建筑的屋顶本身就是一个开敞的观景平台，而达到这个开放的平台，则需要通过建筑屋顶延伸到山地的台阶。建筑屋顶的台阶与山地形成一体，和谐自然而不会突兀。可以说，这是一个无处不能观景的山体建筑。

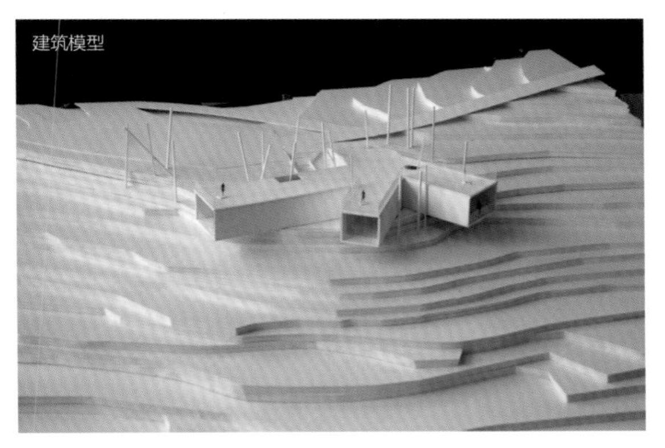

图片来源：https://www.ikuik.cn

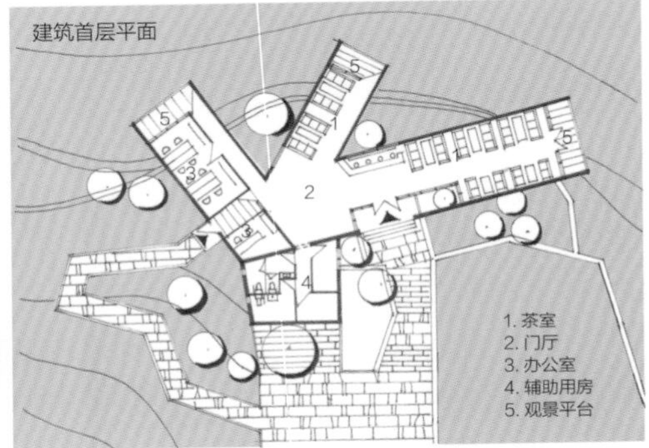

建筑整体设计为不规则的三叉形制，避让场地树木。

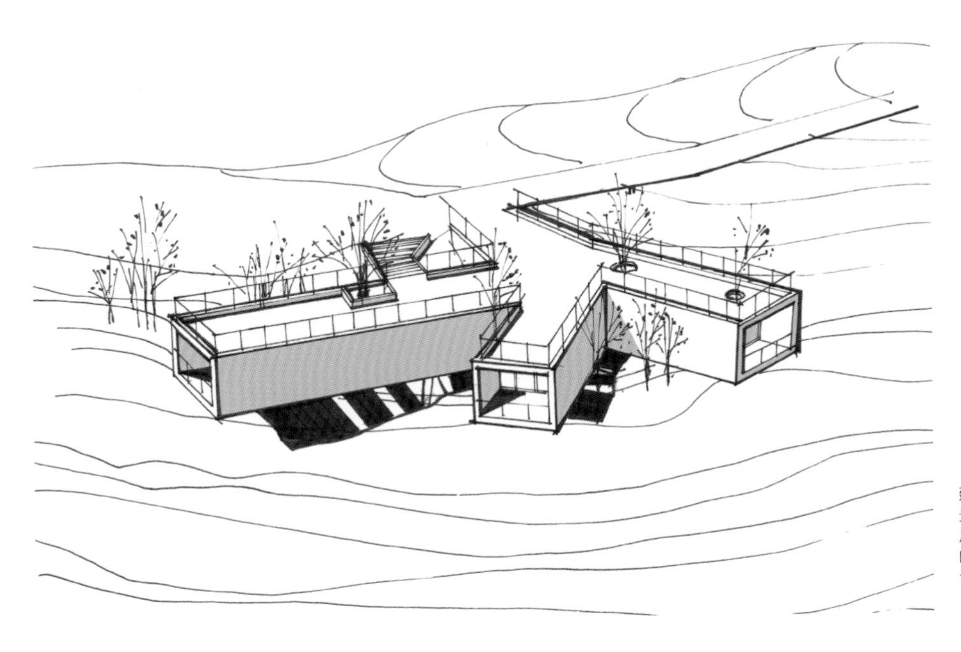

建筑形体迎合山地景观，立面悬挑伸展出三个不同方向的取景框，形成半嵌入山地的姿态。

建筑轴测图

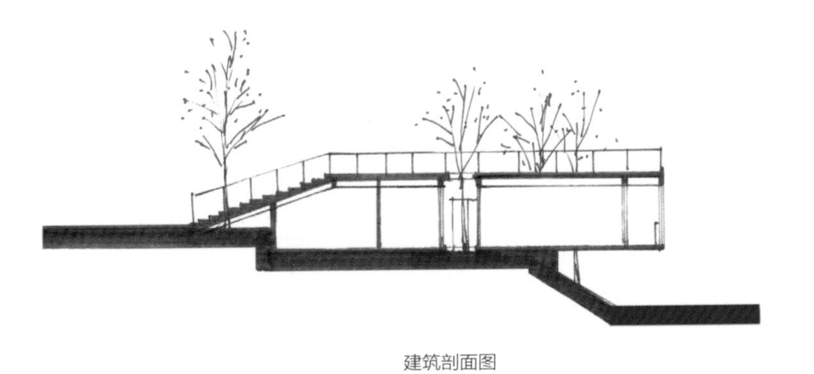

屋顶处理成开放的观景平台，与山地形成一体，自然和谐。

建筑剖面图

5.3 四方当代美术馆 /Steven Holl, 李虎

四方当代美术馆是南京景观门户区域的一个景观建筑。它的设计中，探究了中国早期绘画中深层交替空间的奥秘，包括视角的变换、空间层次递进以及水雾的交织弥漫。整个建筑形体特别突出，拥有大跨度架空、悬挑旋转等要素，大起大落，构筑了良好的视野。主要分为三个要点。

1. 建筑形体与场地的关系

美术馆的形体非常突出，仿佛从山体中拔地旋转而起，要挣脱重力的束缚，向景观冲去。建筑主要由底层和上层两个大的体块组成，由中间三个竖向体量支撑架起，尺度颇大。体量虽然突出，但是并没有破坏场地的秩序感，建筑依然属于有逻辑地盘旋而起，像一个巨大的悬空取景器。

2. 中间层架空

建筑并非由首层架空，而是在中间层架空，由三个不同粗度的竖向筒体架起。两个筒体是黑色的，颜色与首层相同；另一个则是白色，与顶层相同。这样整个建筑契合并体现“阴阳”的概念，自带向心力和互补的内力，同时建筑的体量又能朝向开放的山谷。

3. 良好的视野

美术馆如同一个巨大的取景器架设在半空中，使得建筑拥有良好的景观视线。建筑建在山下，突起的顶层与山体背景形成对比，不同的层次均是不同的景观平台。最后，两层通过细长的直跑楼梯连接起来。

建筑外观

建筑外观

图片来源：https://www.archdaily.cn

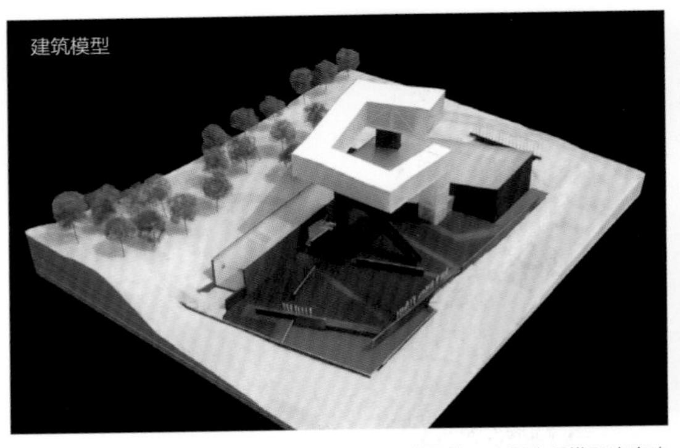

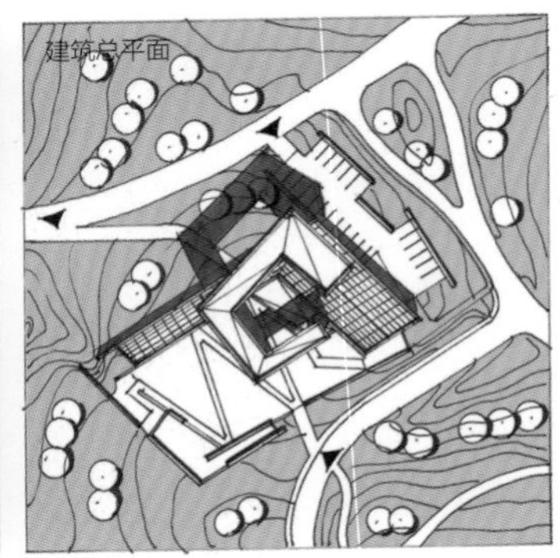

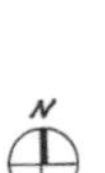

建筑由上下两个体块组成，底层体块依附于山地地势，主要为后勤和库房功能；上层体块盘旋而起，冲向景观，主要是展览空间。两体块功能分区明确，中间以三个竖向体量连接和支撑。

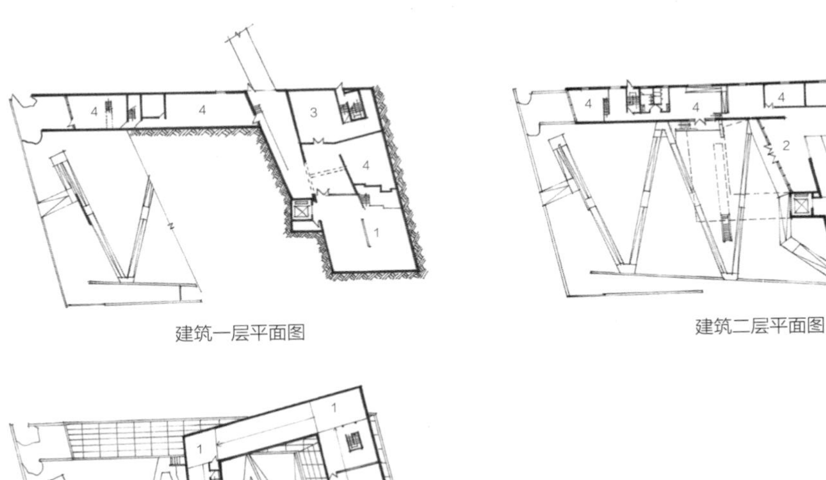

建筑一层平面图

建筑二层平面图

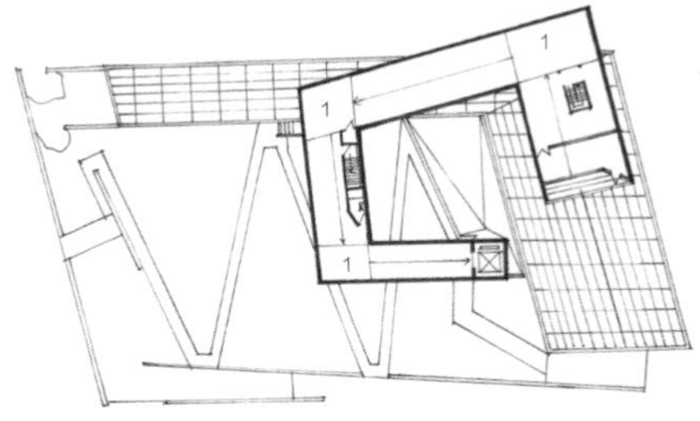

1. 展览空间
2. 门厅
3. 库房
4. 后勤辅助

建筑三层平面图

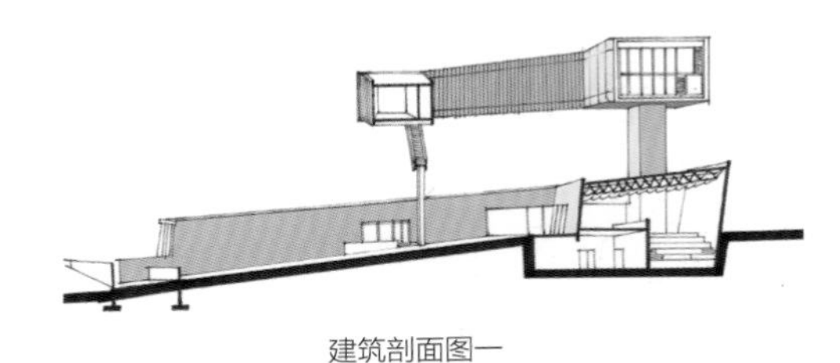

建筑剖面图一

建筑剖面图二

中间层架空，使美术馆拔地而起，以巨大取景器的姿态构建良好景观视线。

5.4 “八分园”美术馆 / 俞挺

八分园是一个专门展出工艺美术作品的美术馆。其原本是售楼中心，是街角三角形的两层建筑，一侧是居委会，另一侧是沿街商铺。设计师希望建筑能展现出上海的特性——基于生活的愉悦而克制的丰富。建筑的白色主体掩藏于三角形的外街建筑中，内部处理为中式庭院景观，隔离了外部的世界。整个建筑体量几何形体对比强烈，庭院被设计为一种复现园林历史的城市微空间。主要要点有以下四点。

1. 对不利环境处理

建筑街道一度破败不堪，建筑将原本的售楼中心保留，将功能替换为居委会和商铺，增加了街道的公共性和活力。同时，沿街建筑内部处理成帷幕，将庭院与外界环境剥离开，塑造了高品质的庭院空间。

2. 偏移法

由于原建筑和场地的形态都是三角形，处理起来比较麻烦，设计师将主体建筑偏移了原建筑，设计为新的圆形建筑，以此来呼应尖锐的三角形。而圆形又被各种细碎的立面要素和小空间给打碎，增加了内外的通透性。

3. 建筑几何形态

主体建筑是完整的圆形，体现了无向性。然而，圆形的空间处理又非常丰富。建筑偏离中央的地方挖了一个庭院，直通屋顶。而在圆形的边缘，又有多个小边庭。圆形建筑在解决了结构问题之后，剩下的空间可以自由变换贯通，与园林的气质非常相符。

4. 自然元素

建筑各空间都与自然景色结合起来，充分体现了园林的主题。首先，建筑的庭院就是园林空间，而圆形的建筑内外渗透的空间又可以充分配合植物的搭配，非常类似园林的取景。其次，屋顶、每个平台、建筑内部空间都与自然元素结合起来。

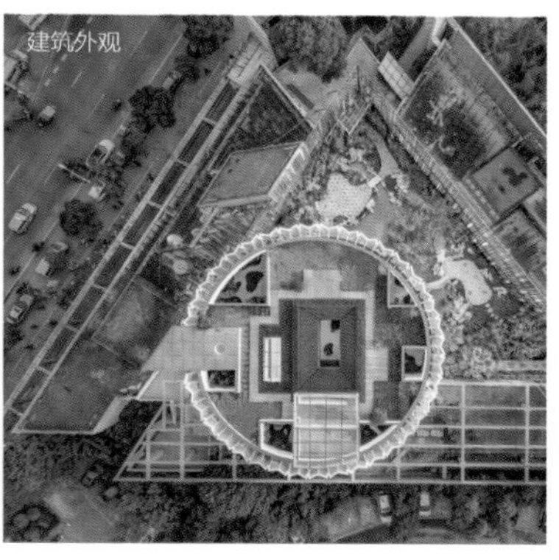

图片来源：https://www.gooood.hk

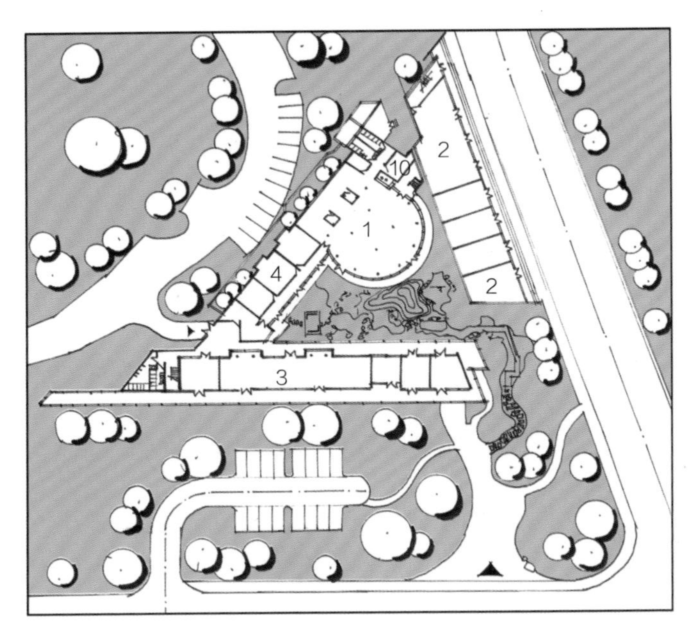

沿街建筑将庭院与外界环境剥离，避免外部嘈杂环境的影响，塑造高品质庭院空间。新的主体建筑为圆形，以圆形特有的无向性回应原有的尖锐三角形场地和建筑。

1. 展览空间
2. 商业
3. 居委会
4. 餐厅
5. 书房
6. 前厅
7. 庭院
8. 起居室
9. 卧室
10. 辅助用房
11. 中庭上空

建筑一层平面图

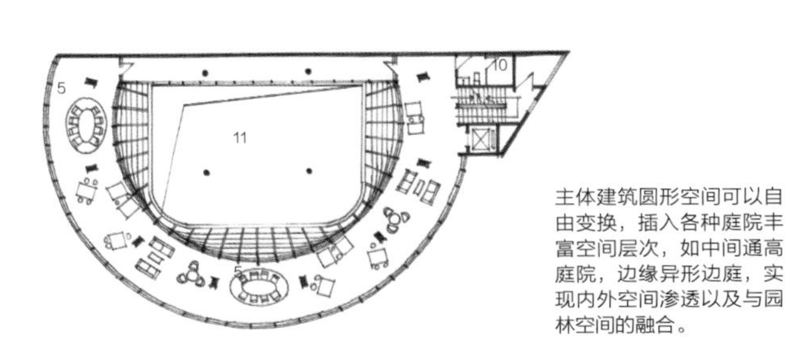

主体建筑圆形空间可以自由变换，插入各种庭院丰富空间层次，如中间通高庭院，边缘异形边庭，实现内外空间渗透以及与园林空间的融合。

建筑二层平面图

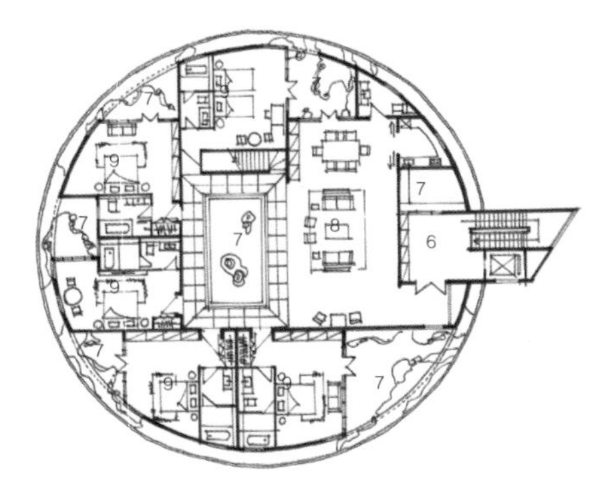

建筑三层平面图

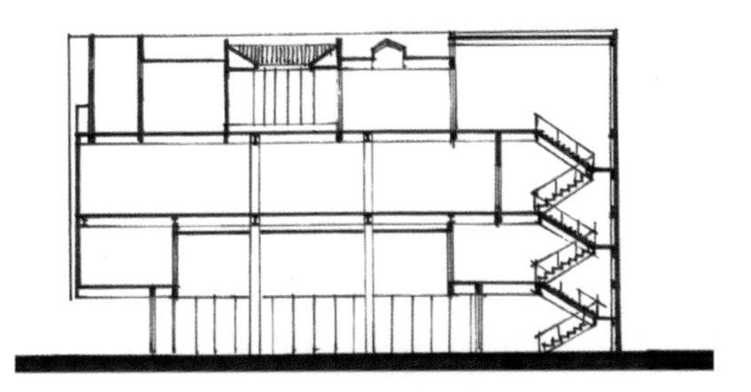

建筑剖面图

5.5 泰伦托幼儿园 / feld72

泰伦托幼儿园位于意大利的一个山谷的小山村，三种文化在此交融，通过建筑形式表达出来。这座新建筑作为三种文化的介质，从环境出发最终超脱而出。建筑对坡地地形进行考虑，幼儿园从地面生长出来，半埋在山地中。主要要点如下。

1. 掉层

虽然这个建筑的地势并不算山地，但是也存在地坪落差，设计师采用“掉层”的方式处理高差。建筑主体完全紧贴坡地，首层半埋在地坪中，二层直接架在首层之上。这样二层可以提供大片的露台。

2. 坡屋顶

由于选址位于山谷，四周皆是大小不一的山脉，设计师选择了坡屋顶作为设计要素。坡屋顶与大露台的结合恰好是山丘与山谷的一种诠释。从侧面而看，整个建筑半埋在山地中，而坡屋顶的使用恰好使建筑形象如同山脉一样完整统一。在二层，建筑被分为三个单元，立面都从直线轻微转移，形成错落空间，以应对山丘高低不一的感觉。

3. 材质

整个建筑的用色和材质非常统一和谐。建筑没有采用活泼抢眼的颜色，主体外立面采用木材，屋身用白色涂料刷饰，并保留了木材清晰的纹理感，而屋顶则采用木材的原色，清新自然。建筑内部也延续了这种风格，局部采用绿色点缀，如同山坡的草地一般。

建筑外观

建筑外观

图片来源：https://www.archdaily.cn

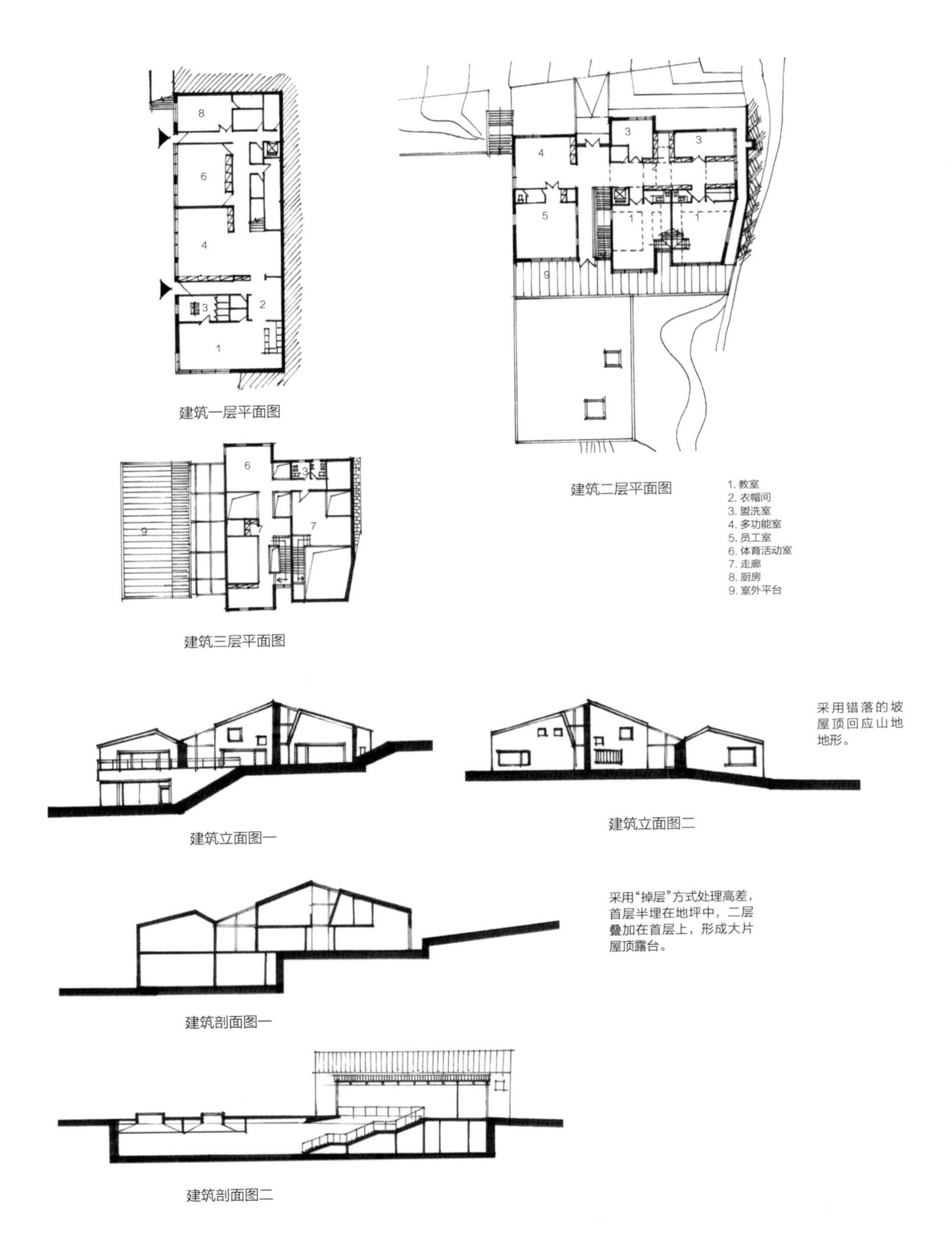

建筑一层平面图

建筑二层平面图

建筑三层平面图

建筑立面图一

建筑立面图二

建筑剖面图一

建筑剖面图二

5.6 北京金海湖国际度假区溪园酒店 / SYN architects

溪园酒店是一个高端度假村，选址毗邻水域中心岛，与景区中心建筑湖光塔对望。场地依山傍水，前身是一个废弃的度假庄园。酒店改造前，建筑布局零散；改造后零散的建筑全部结合起来，建筑高低错落有致，与山地地形有机契合。同时建筑拥有非常开阔的观景空间，三面环水，建筑与景观和谐共生。主要要点有以下五点。

1. 建筑形体与山地契合

从总平面图和剖面图来看，建筑契合了山体的不同部位，从下而上，并用高低错落“廊”的要素将建筑连接起来。廊道在平台与各个功能空间当中穿插交流。

2. 架空

建筑结合了山地的特征，每个建筑体块都有不同程度的架空。架空都在建筑面向景观的一面，由一排柱廊架空起来，使建筑与景色更为有机融合。

3. 退台

为了迎合山地，几乎每一层建筑都有退台。退台与建筑体量结合起来，每一层的形状都有一定的偏移，从而使得建筑造型更加丰富而不僵硬。

4. 建筑材质

在材料应用上，建筑采用了就地取材的方式，应用当地的柴木、卵石以及木材，因地制宜地融入视觉当中。酒店外立面用环绕着建筑露台垂直排列的柴木为特色，强化了“野”的风情，卵石垒砌一道道朴素自然的围墙，增强了自然生长的韵味。

5. 坡屋顶

建筑与湖光塔对望，为了搭配现代而又古朴的气质，建筑处理了一些坡屋顶。不同于一些全是坡屋顶的建筑，酒店只在一些特殊部位处理坡屋顶，起到点缀和点睛的作用。

建筑外观

建筑外观

图片来源：https://www.archdaily.cn

建筑与地形

建筑外观

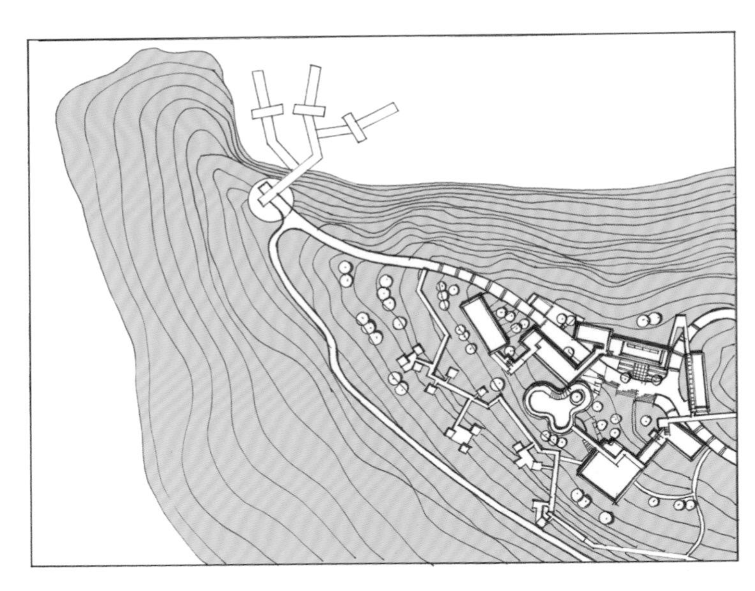

建筑契合山地地势，从下而上用高低错落的廊道连接，使建筑与景色融合。

度假村规划总平面图

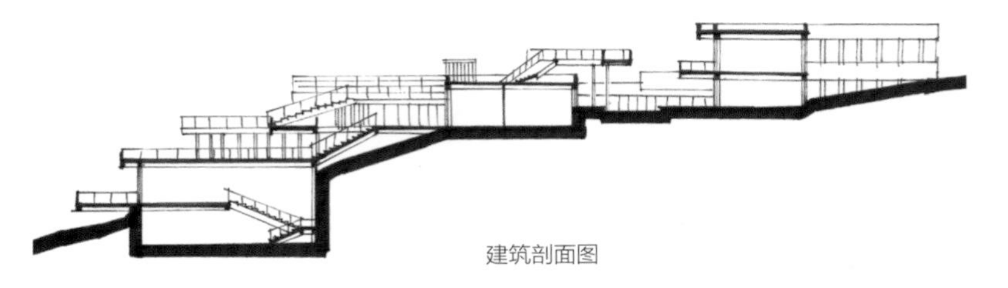

建筑迎合山地地势，运用退台、局部架空的处理方式，争取更多自然景观面，构建层级更丰富的建筑空间和生动的建筑形象。

建筑剖面图

快速设计作品评析

6.1 青年旅舍设计

题目中的小型青年旅社位于城区内，基地周围存在 6m 高围墙，四周与居民住宅相邻，因而需要注意对于周边建筑采光空间的考虑，以及满足青年旅舍客房采光与通风设计需求。题目着重考察对于限定性场地的整体把控，需要考虑新旧建筑之间的关联性。从该方案的对于限定性环境的应对策略来看，与周边环境关系清晰可辨，建筑形态简洁大方，主要从以下五个方面对方案进行评析。

1. 基地周边的限定元素

设计者在 9m 的建筑限高、仅南北侧墙体可变动、东西侧墙体不允许改动的限定性条件下，通过形体的变化，错动留出居民侧窗采光空间，满足了题目的多重限定。

2. 方正基地下的多变设计

方案通过轴线偏移形成了丰富的建筑空间，衍生出在长方形规整基地限制条件下的多变设计。南北两侧分别设置主次入口，结合各个基本建筑体量的错层错位布置，生成了不同标高下的多种公共空间。

3. 回应基地周边建筑肌理

建筑的形态与空间对基地中原有的自然要素进行了有机回应，建筑肌理同周边城市肌理相符合。

4. 结合形体形成庭院

形体错动后形成的三角形庭院有效应对了周边建筑采光要求并解决了通风需求，同时为青年旅舍提供了可供休憩的内庭院。

5. 辅助空间

方案采用了点状的组合模式，辅助空间散落布置在平面流线中，提供了快捷有序的竖向交通。

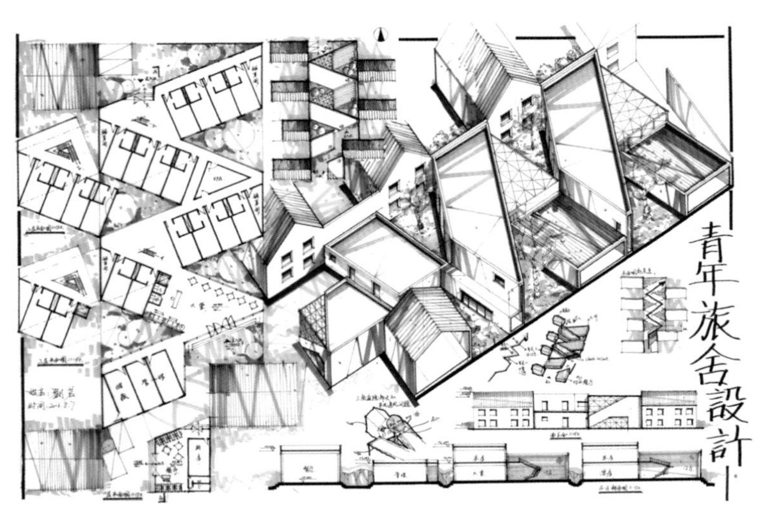

作品表现 / 设计者：刘茗

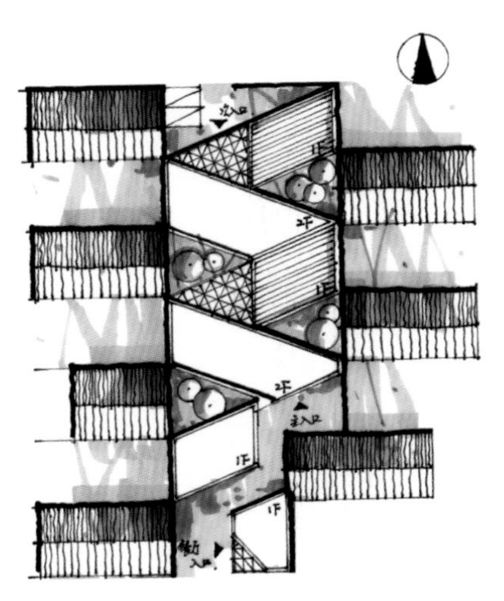

总平面图

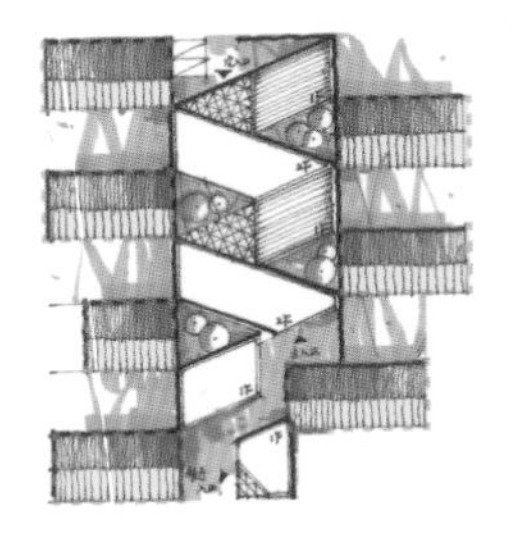

建筑主体对基地周边的民居山墙采取了回避策略，建筑山墙与民居错位而置，并且斜线的运用使建筑形态颇具现代感，与民居的传统形式形成对比。而建筑进深与民居相仿，因而在肌理上又具有统一性。

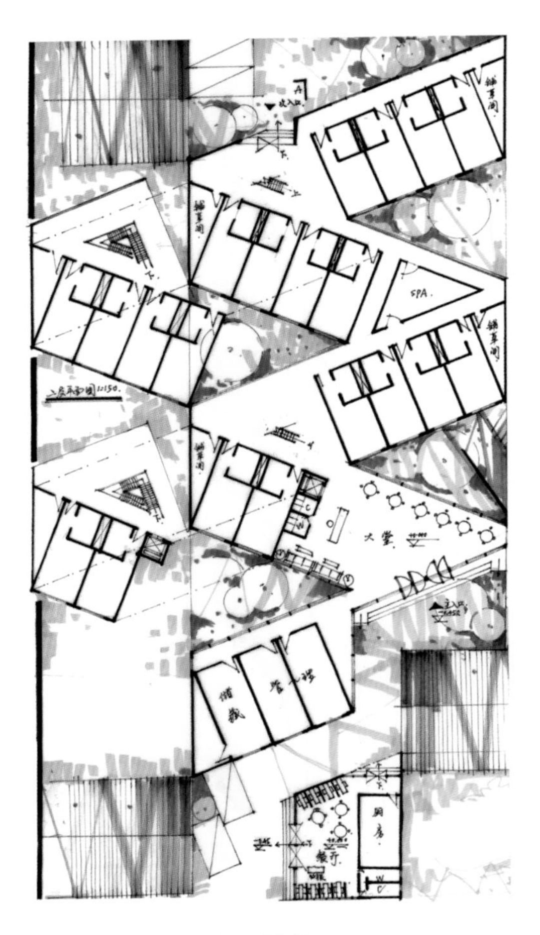

各层平面图

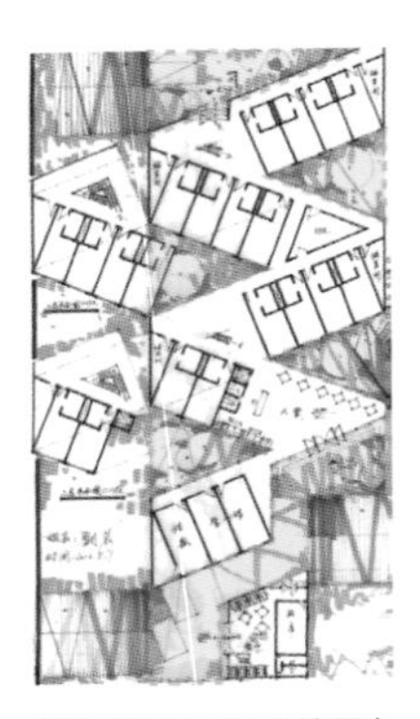

建筑界面与民居山墙围合成庭院，庭院为所有的客房空间争取到了良好朝向。同时庭院本身也提升了建筑本身的景观性。

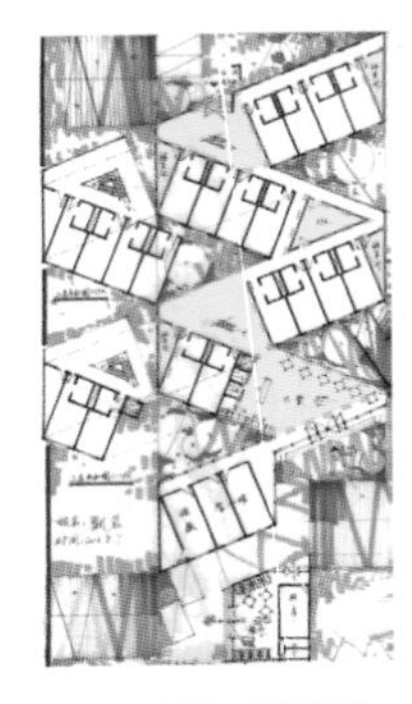

斜线元素的运用导致建筑中的锐角空间，方案将锐角空间处理为辅助的储藏空间，开放空间，保证了主要使用空间的形态规则与完整。

分析图

6.2 湿地文化中心设计

题目中的湿地文化中心，建筑轮廓限定在 60mX60m 的正方形之中。考虑到基地中的现有湿地环境以及西侧的大面积湿地景观，需要选取陆地相对较多的建筑用地范围，以及交通和景观较佳的位置；同时考虑建筑形象与湿地环境相融合，尽可能减少建筑体量对环境的破坏。从该方案的对于限定性环境的应对策略来看，场地环境应对合理，围合形体有效渗透湿地景观，主要从以下三个方面对方案进行评析。

1. 水面限定元素

基地内以及西侧的大面积湿地景观作为限定元素，限制了建筑设计用地范围。设计者通过东侧主入口与南侧次入口、后勤入口的设定，结合首层坡道对地面湿地环境进行了流线设计。

2. 架空体量应对基地

方案首层架空形成灰空间，将地面归还自然景观。通过坡道到达二层主门厅，以环绕盘旋的建筑流线结合线性围合的建筑体量，产生出与四周景观视线通透的平台空间，有机地融合了基地环境。

3. 水体景观完整

景观元素渗透在文化中心建筑之中，设计者以折形建筑形态应对基地空间限定，保留了场地水体景观的完整性；以带有螺旋走道的屋顶平台观看湿地水景，维持了场地环境自然有机的生态性。

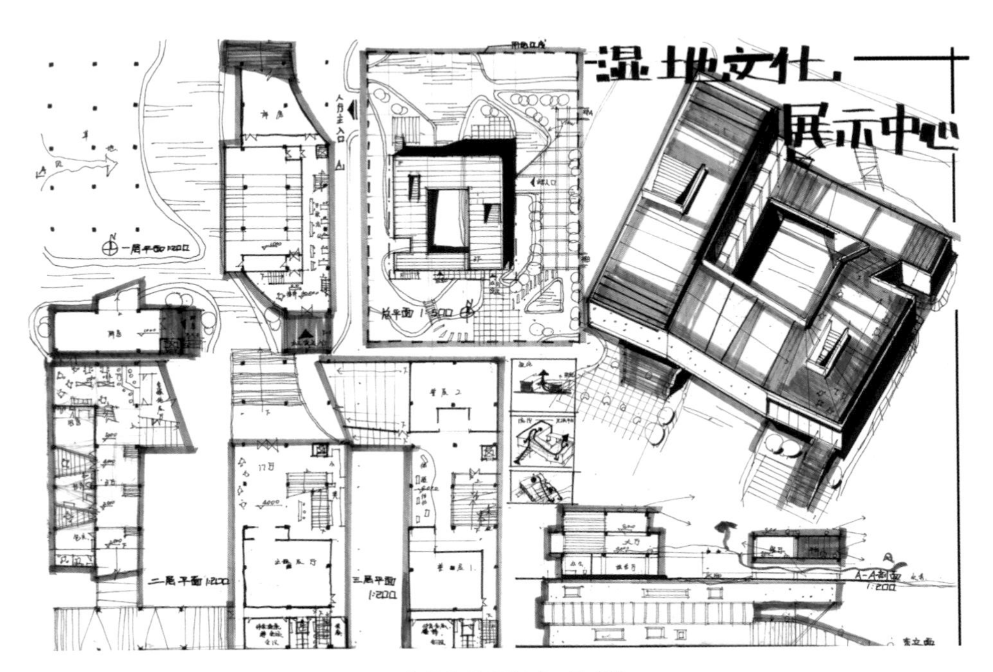

作品表现 / 设计者：冯卓然

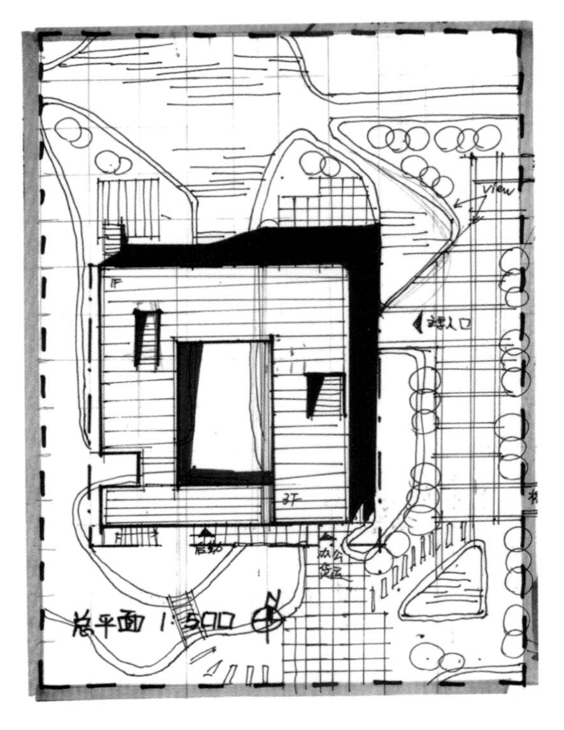

总平面图

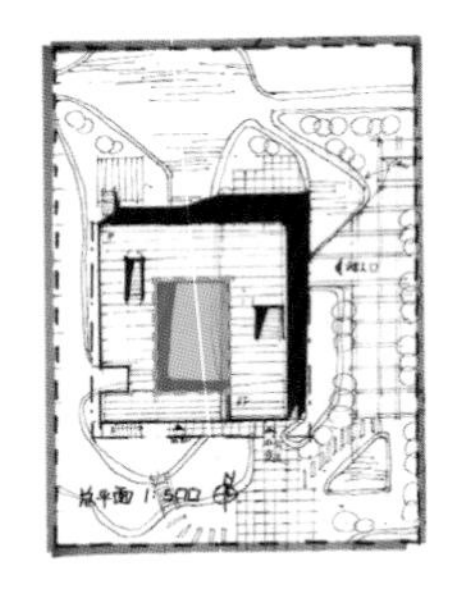

庭院的置入消解了建筑的大体量，使建筑与自然环境更为融合。此外，庭院也能为建筑内部空间提供自然采光。

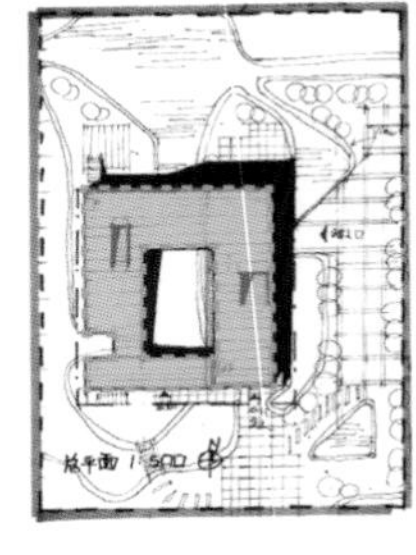

建筑的屋面被用作屋顶平台，结合环形的建筑形体，可以多角度欣赏湿地景观。

分析图

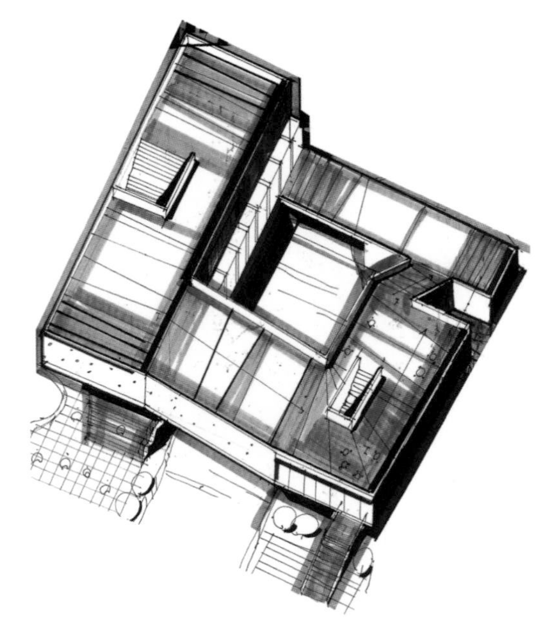

建筑采用了底层架空的形式，部分建筑仅结构落地，这就保证了建筑对地貌的影响降到最低。建筑形体利用斜面创造了螺旋上升的形体，与湿地水域的流动性相呼应。

轴测图

6.3 游客服务中心设计

题目中的游客中心建于湖滨风景区，场地北侧为主湖面，西南侧为景区入口，东南侧连接城市道路，西侧、北侧与东侧同景区园路相接。需要在设计中考虑建筑对湖面的呼应，以及场地与周边道路的关系。场地内部及周边的大量水杉树需保留，因而应处理好建筑与环境的空间互动关系。从该方案对于限定性环境的应对策略来看，建筑形式操作明确，体量关系趣味性强，主要从以下五个方面对方案进行评析。

1. 异形基地

场地图底关系清晰，建筑体块感强烈，蛇形体量与异形基地呼应紧密。

2. 场地内限定元素

大量水杉树作为场地内既有限定元素，方案以盘旋式的建筑形体轻松应对了场地的限制条件，在建筑与场地内的植被要素间形成了良好的视线关系。

3. 建筑与景观

建筑与自然景观和谐亲近，水杉树穿插在建筑体量内部，与随机性建筑表皮的结合衍生出活泼之感。

4. 自由形体回应场地

建筑在场地内的空地上进行围合式布置，通过连接、搭接的完形方式、结合树林布置，自由组合。

5. 回应公园景观

底层架空形成的灰空间作为室外活动区提供了游客驻足游玩的活动空间，二层茶室结合屋顶平台，与公园景观相呼应。

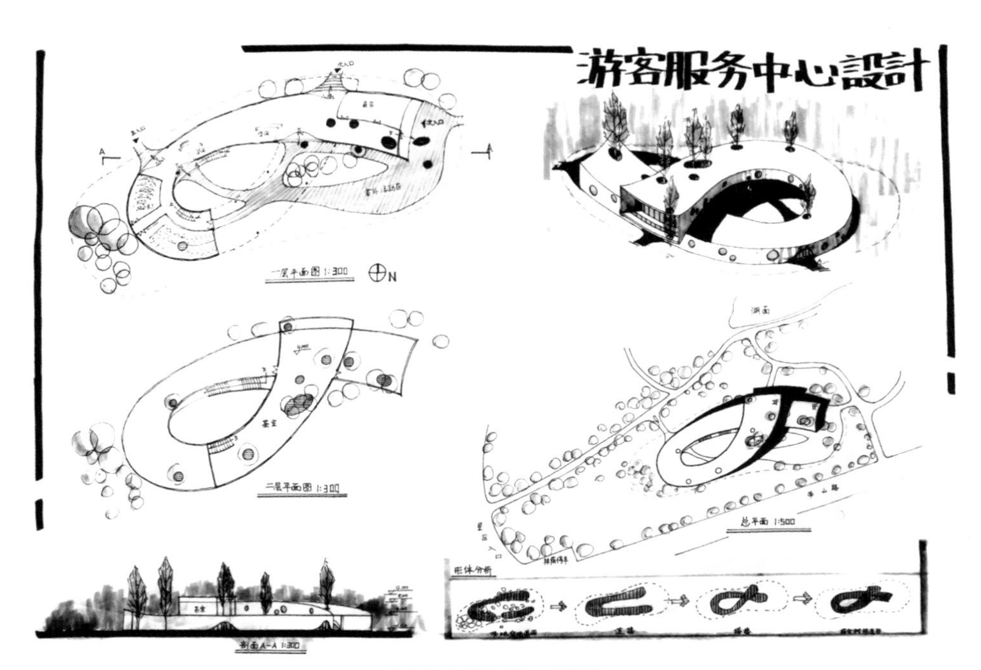

作品表现 / 设计者：吕尚泽

具有流线感的建筑形体与自然环境有机融为一体。树穿越建筑形成的洞口成为独特的建筑表皮语言，立面开窗也利用圆形与之呼应。洞口插入实体不仅保护了树木，也为建筑空间加入了趣味元素。

轴测图

一层平面图

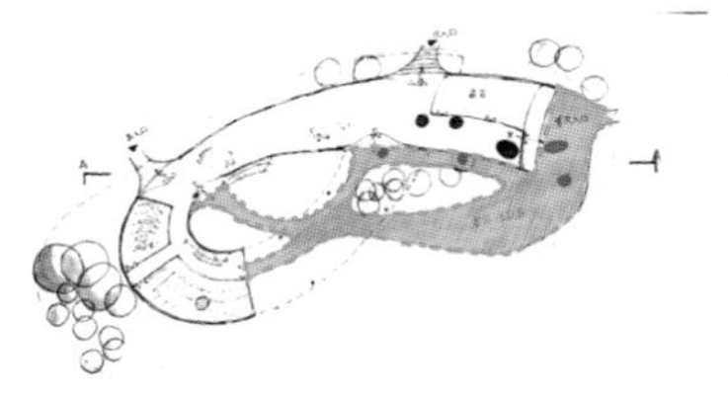

一层平面采取架空的手法，保证了景观的连续性。木质平台的置入创造了人与自然近距离接触的机会。

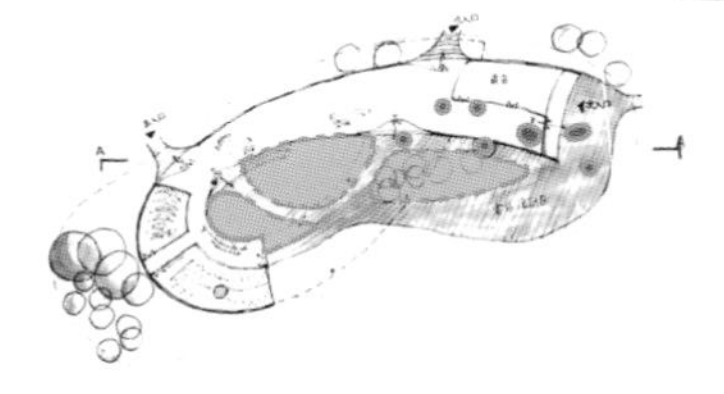

洞口使现存树木最大化保留，并在建筑内部处理为开放空间，树洞增添了空间的趣味性。

分析图

6.4 民俗博物馆设计

题目中的民俗博物馆位于老上海的石库门街区，场地周边城市肌理明确，街道立面交代得非常详细，所以在思考过程中要协调建筑物与城市肌理之间的关系。同时要考虑到沿街立面的设计，特别是新建筑加入以后和老建筑的关系是否协调以及沿街界面的立面效果。从该方案对于限定性环境的应对策略来看，建筑形式操作明确，新老建筑之间关系紧密，主要从以下四个方面对方案进行评析。

1. 上海里弄立面呼应

题中将旧有立面以及周边老建筑作为场地限制因素，设计中保留了传统里弄立面设计元素，考虑了场地压力，沿街立面体现出老建筑和新建筑的协调统一，通过对原有肌理的延续以及旧有建筑立面的回应生成了历史延续性的博物馆设计。

2. 基地内部限定元素

设计者考虑到场地内部衔接和边界的处理，对基地内部保留建筑进行了关系的思考，通过架起的连廊与老建筑产生视看关系。建筑本身造型与老建筑产生了呼应，博物馆自身的建筑空间布局合理，新老建筑形体协调一致。

3. 面状景观

新建筑考虑了与南侧公园的景观视线，室内外空间效果良好。

4. 回应风貌

建筑通过坡屋顶和城市肌理进行了完整的呼应，以长方形取景框视看老建筑，虚实变化丰富，呼应效果良好。

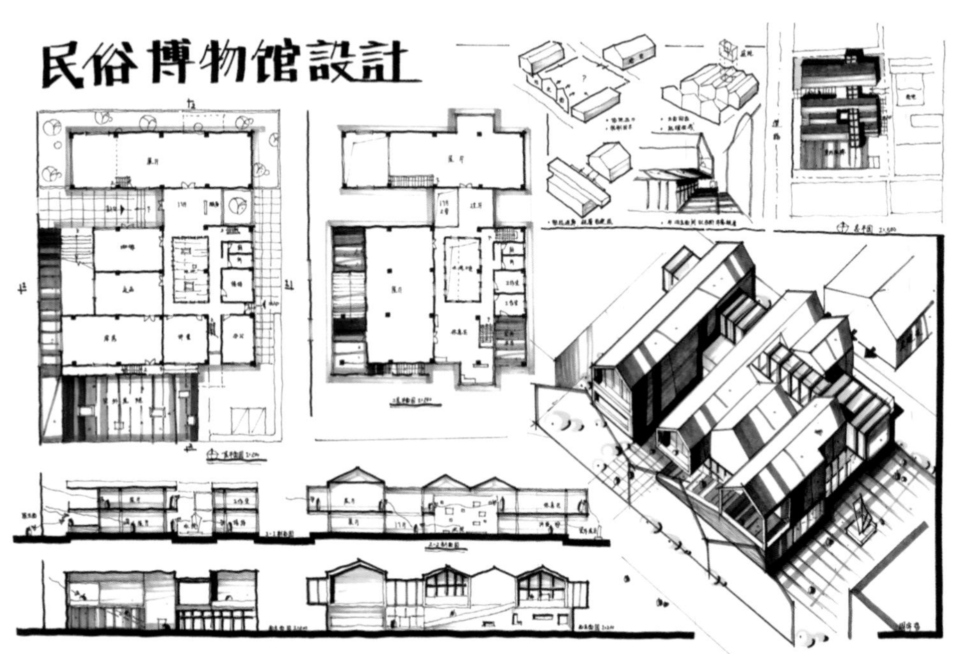

作品表现 / 设计者：胡宇哲

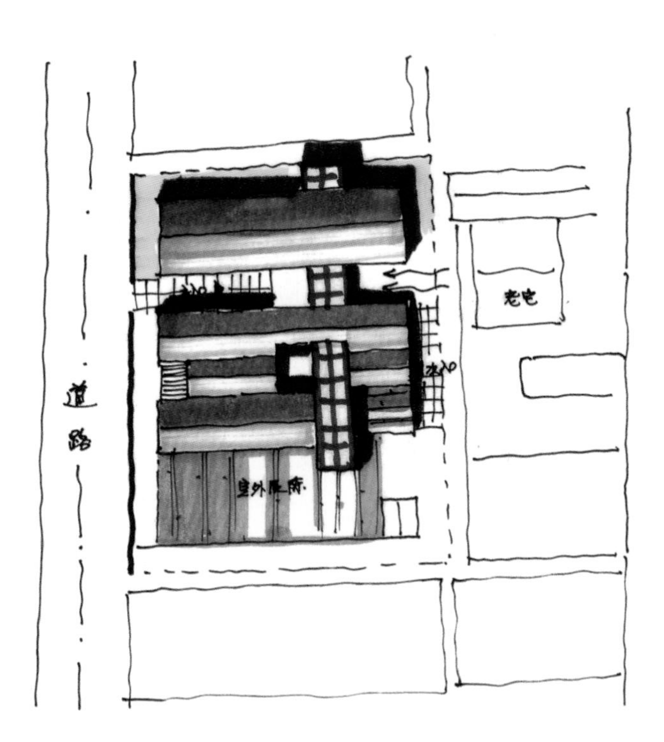

总平面图

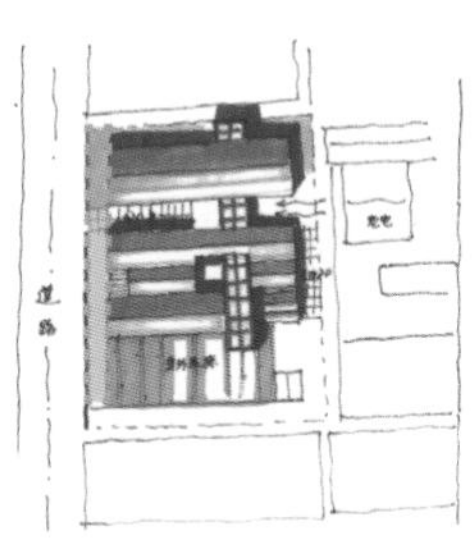

建筑对现存里弄立面采取了退让的策略，表达了对历史的尊重。

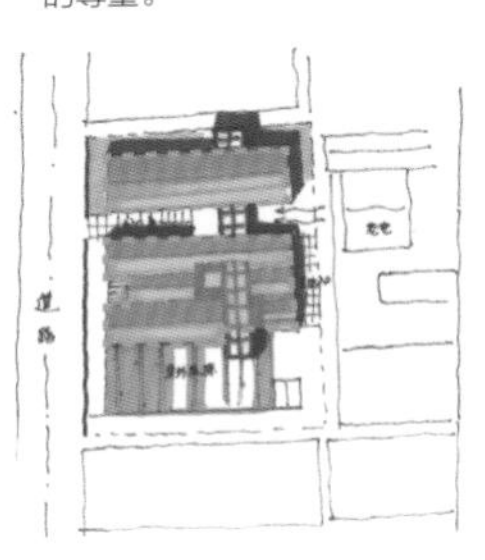

建筑体量与原有建筑的体量相仿，使新建筑的肌理融于城市环境，达到风貌的统一。

分析图

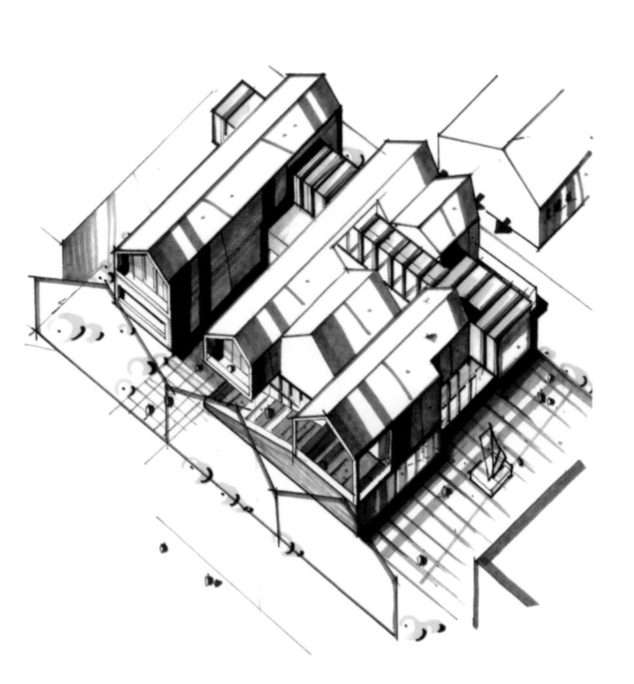

轴测图

建筑采用双破屋顶的形式与周边传统民居建筑相呼应，而现代化的立面处理方式又与传统形式形成了鲜明对比。里弄立面与新建筑立面对位，产生了新与旧的的对话。

6.5 独立住宅设计

题目中的独立式住宅位于一片平地上，场地内现存一棵桂花树，因而在剖面设计中要考虑不同标高处空间对于桂花树景观的呼应。题目要求建筑地面上体积控制在 500m³ 空间内，所以也要考虑在限定的空间内进行合理的功能排布与形体设计。同时也要考虑住宅功能流线及分区，在保证私密性的同时，应尽可能多的使房间获得南向日照，提高居住品质。从该方案的对于限定性环境的应对策略来看，形式逻辑清晰，景观呼应较好，主要从以下四个方面对方案进行评析。

1. 基地周边限定元素

设计者将住宅主入口与车行入口放于不规则基地的南侧开口处，通过铺地材质变化引导人流通向不同功能区域。设计中考虑了住宅内部空间的私密性，避免了与周边二层住宅建筑邻居之间的相互直视。

2. 基地内部景观元素

一层设置室外木栈道，以自然材质引导人流在场地内穿行，使建筑内部空间与场地内部景观元素得到串联。餐厅起居室大空间对应桂花树景观，落地窗使得视线通透，形成良好的景观视线。

3. 平台回应景观

设计者在独立住宅二层设置了朝向桂花树景观的室外平台，住宅三层随形体错叠在中部设置了屋顶平台。错位的平台空间较好的回应了场地景观，提供了舒适的立体休憩空间。

4. 点状景观

为应对限定性场地环境，设计者在场地内设置了点状景观，随着建筑形体的交织变换，观者所视看到的景观也随功能流线而发生变化。

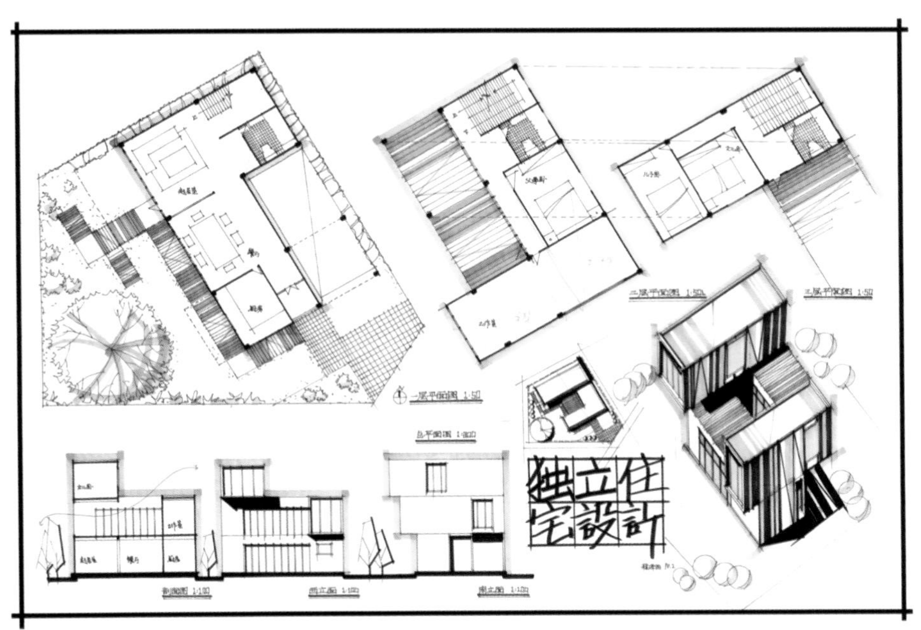

作品表现 / 设计者：程泽西

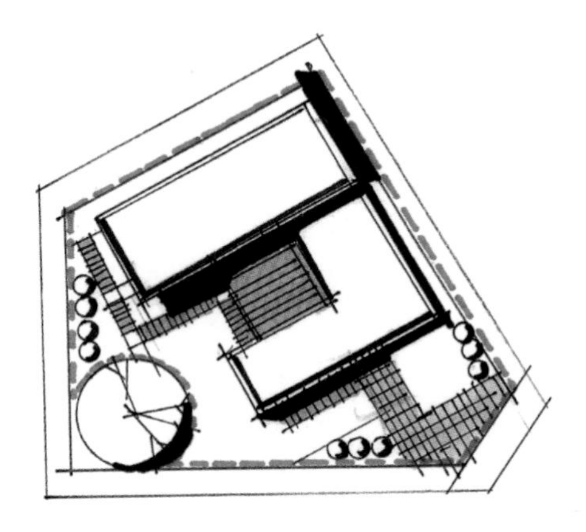

总平面图

建筑形体对基地进行围合，开口朝向点状景观元素——桂花树，回应了场地环境。屋顶平台面向景观，提供了绝佳的观景场所。

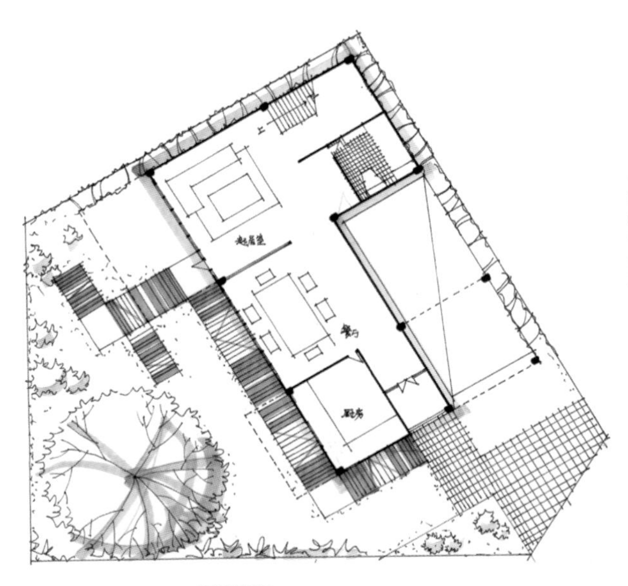

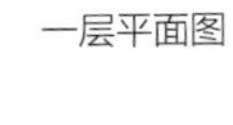

一层平面图

住宅的主要使用空间靠近景观朝向，充分利用景观面。场地中设置木栈道，提供了与桂花树关系紧密的室外活动区域。

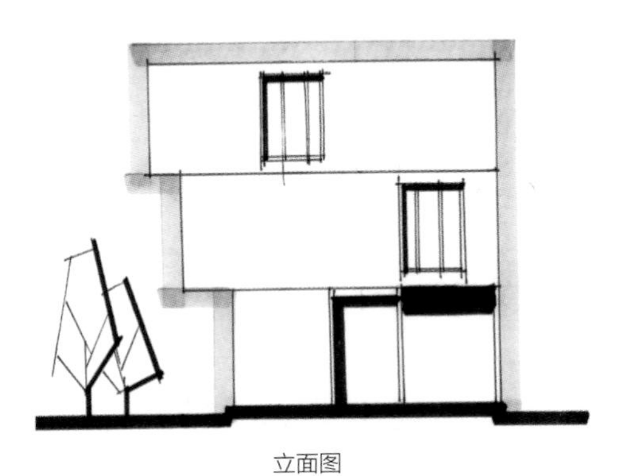

立面图

建筑立面逐级延伸，与桂花树的树冠形态产生了形态呼应。

6.6 山地体育俱乐部设计

题目中的体育俱乐部位于山地之上，需要处理建筑与自然环境景观以及地形的关系。同时将建筑不应仅作为一个孤立的单体来考虑，还需要从整体角度思考建筑物与活动场地以及与周边既存环境之间的关系。就该方案的平面布局来看，功能空间层次丰富，流线清晰，主要从以下三个方面对方案进行评析。

1. 跌落策略应对基地

建筑由散落的但相连的体块组成，建筑主体选在山脊地形处，在北侧设置了主入口，南侧低地势处设置了两个次入口。建筑形体顺应山势，向南侧呈现逐级跌落的形态，通过跌落的形体策略回应了限定性山地地形。

2. 多层景观平台

俱乐部结合多层次的平台绿化形成了立体的观景平台。建筑同景观共融，同时将环境中的景观引入建筑当中，使建筑部分地消隐于坡地环境之中，人们在感受建筑的同时也能观赏到自然景观的美。

3. 形体呼应山势

设计者通过对地形进行微处理，建筑顺应坡面坡度叠层而起，使得斜向的剖面有了水平发展的空间。西侧扭转的餐饮功能块结合取景框应对了地块景观，增加了山体环境的层次。

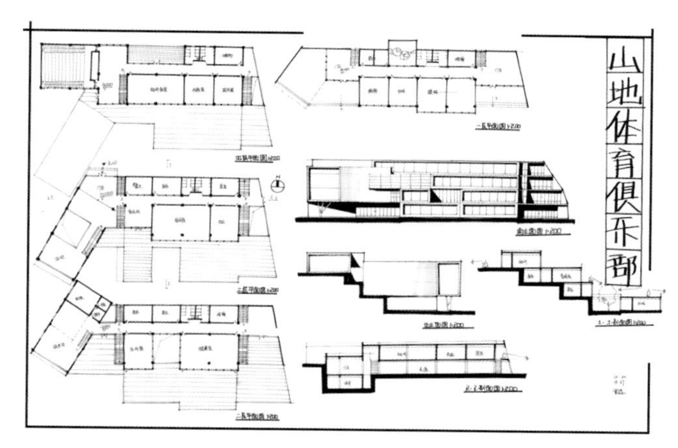

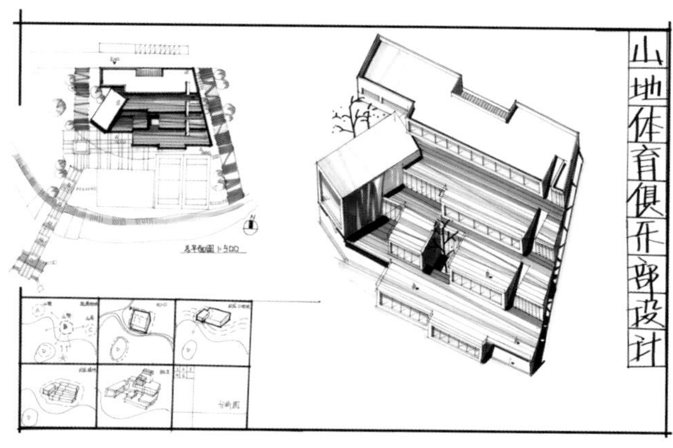

作品表现 / 设计者：罗淼

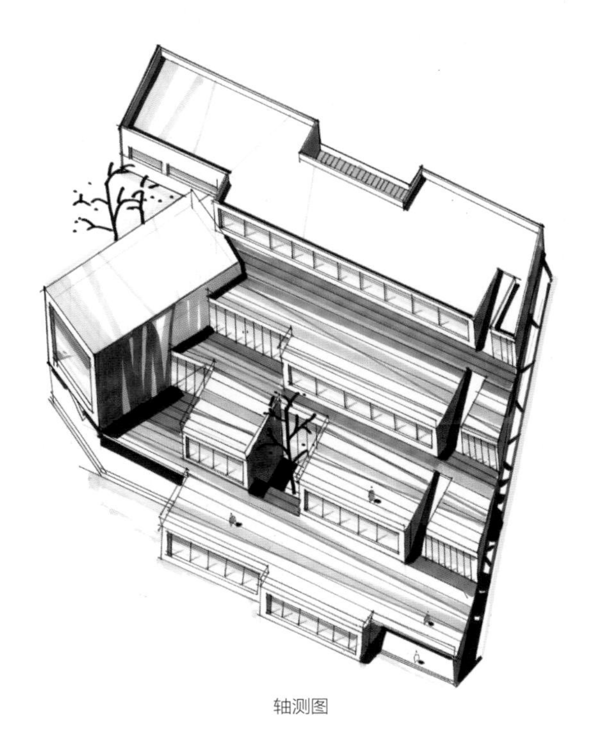

退台是山地建筑中常见的建筑形态处理手法，可以形成富有层次感的建筑形象。筒板元素的运用强调了建筑分层逻辑，体块的扭转制造了突变感，形成视觉焦点。

轴测图

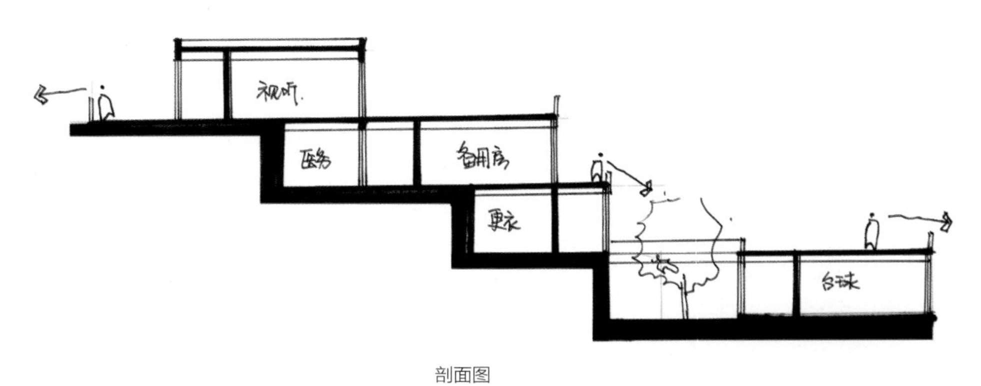

剖面图

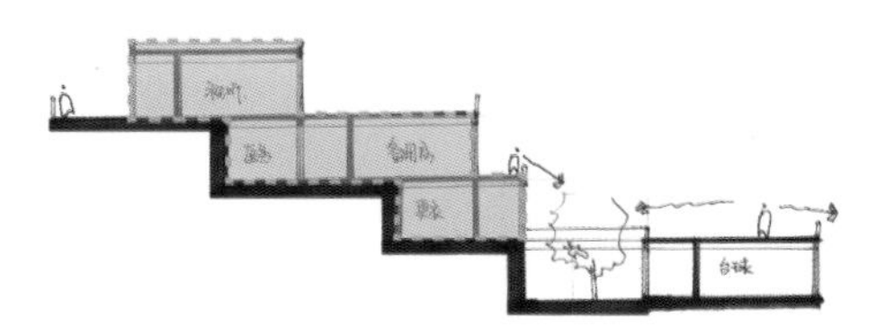

建筑体量依靠山势逐级跌落，形成退台的建筑形态，与山地环境和谐相融。

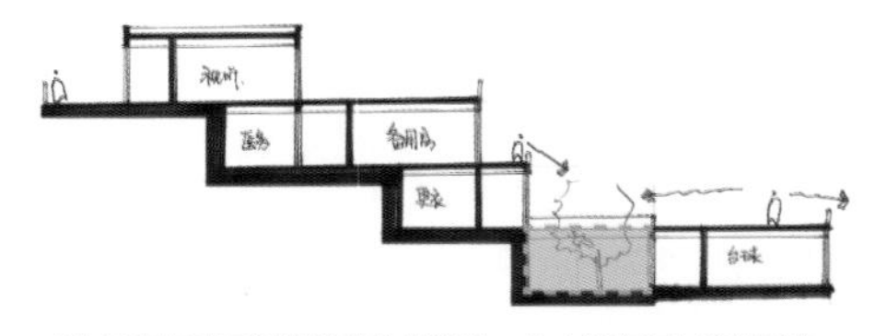

庭院元素打破了逐级跌落的规律性，为内部空间与建筑形态都增添了趣味性。

分析图

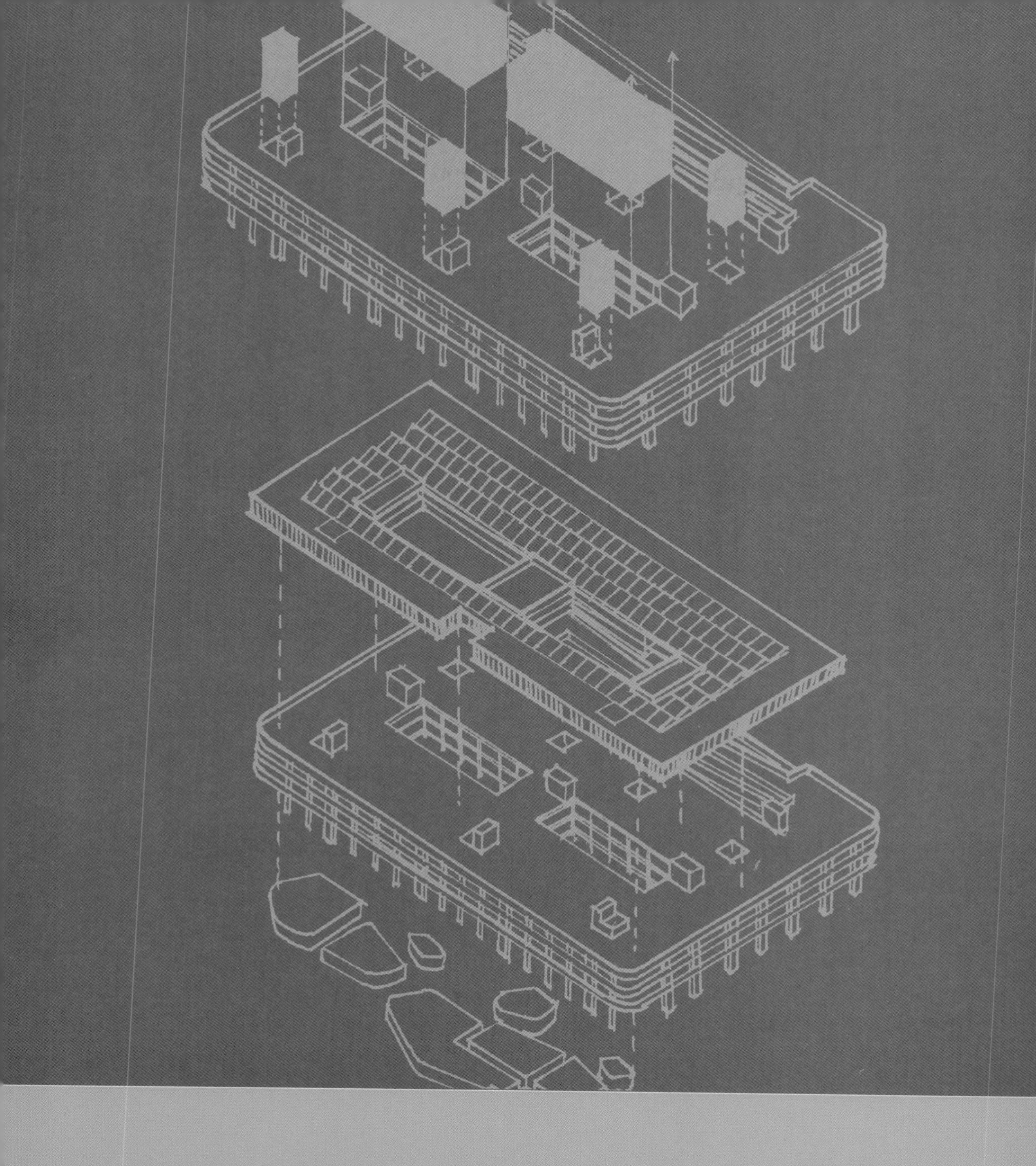

PART 2

下篇 新旧建筑关系处理

7 新旧建筑关系概述

随着时代的发展，人们对建筑的功能需求和空间需求不断变化，许多老建筑被拆除，取而代之的是大规模的满足人们目前需要的建筑。然而，一味地拆除与重建耗费大量人力物力，也造成环境的污染。因而利用老建筑满足新的需求成为热潮。一般来讲，利用老建筑的方式有两种，一是在原有建筑基础上加建扩建，二是直接对旧建筑进行改造。

7.1 旧建筑加建

当旧建筑的尺度不能满足需要，就可以进行扩建来满足目前需求。在国内外许多高校，图书馆和教学楼属于较为常见的扩建对象。另一种情况是仅利用老建筑“躯壳”而抹除其原本建筑功能，和新建部分一起成为一栋具备全新功能的建筑。这种老建筑新用不仅仅避免了资源的浪费，新建成的建筑因为有了老建筑的痕迹反而形成了独特韵味，延续了城市历史。

7.2 旧建筑改造

旧建筑改造的目的是挖掘老建筑的潜在价值，最大程度地利用老建筑。改造的核心在于再利用和融入城市，其最重要的价值在于生活性功能的重新植入。

7.2.1 工业建筑改造

旧工业建筑改造是城市更新中的重要组成部分。目前，旧工业建筑类型大致分为三类。

1.“大跨型”旧工业建筑

是指单层跨度大的建筑，其支撑结构大都为混凝土钢架和拱架等，形成内部无柱的开敞高大空间。这类建筑常见于重工业厂房、大型仓库等。这类旧工业建筑可以改造成博物馆、美术馆等要求有高大空间的建筑，改造费低，一般控制在总造价的10%～20%，却极具实用价值。

2.“特异型”旧工业建筑

一些具有特殊形态的构筑物，如煤气贮藏仓、贮粮仓、水塔、冷却塔等。对改造形成很大的制约，也为再生创作提供了想象空间。这类建筑适合改造为大小不一的建筑，如艺术中心、娱乐中心和各类工作室。

3.“常规型”旧工业建筑

是指层高较“大跨型”低而空间开敞的建筑，这类建筑常见于轻工业的多层厂房、多层仓库等。其灵活的建筑空间适合改造为餐厅、办公楼、住宅、娱乐场所等多种建筑形式。

7.2.2 公共建筑改造

受建筑建设时期技术水平与经济条件等因素制约，以及城市发展升级需要，一定数量既有公共建筑进入功能或形象退化期，因此要进行改造设计。公共建筑改造的类型有很多，博物馆、体育馆、工作室、艺术中心等。

7.2.3 居住建筑改造

除了工业建筑、公共建筑的改造，也有一些居住建筑的改造。在我国，除少数像上海“新天地”采取整体规划的改造设计外，大部分住宅都是采取彻底拆去重建的方式。一般来讲，改造住宅建筑的基本思路是采用现代的造型和技术手段来进行旧住宅改造或者发展改造住宅内部功能的多样性。

8 新旧建筑的空间关系处理

8.1 新旧建筑相对分离

对于加建工程，新旧建筑之间往往是一种相对分离的关系。这种分离关系使得二者在形态上和空间上都存在着明显的区别，从而形成了新旧之间的对话。然而分离不代表新旧建筑间是完全断裂的状态，二者在空间上、形态上还是应该有着直接或者潜在的关联性。

8.1.1 新旧建筑水平分离

1. 新建筑与旧建筑并置

将新建筑直接加建在旧建筑一旁是现实生活中常见的扩建方式。通常新建部分将和旧建筑一起成为新的建筑主体，二者之间需要在布局上或者形态上探寻和谐的关系。

当旧建筑本身体量较大并且呈集中化布置时，为保证彼此间尺度的和谐，可以将新建建筑进行集中化处理而放置于旧建筑一侧。这种集中化处理的方式占地面积小，空间利用率也较高。当旧建筑尺度较小，而扩建规模偏大时，则可以将新建建筑的体量进行分解，变为若干个与旧建筑体量相似的体块，然后并置排列在旧建筑的周围。这样新老建筑间的关系从尺度和城市肌理层面就达到了统一。

当新建筑与老建筑呈现出较为分散的体块时，还可以考虑围合式并置的布局方式，即新老建筑一起呈现出围合的状态，限定出中心化的室外空间。这种布局方式可使新旧建筑之间产生对话，并且围合式的布局也造就了多层次的室外空间（图 8–1）。

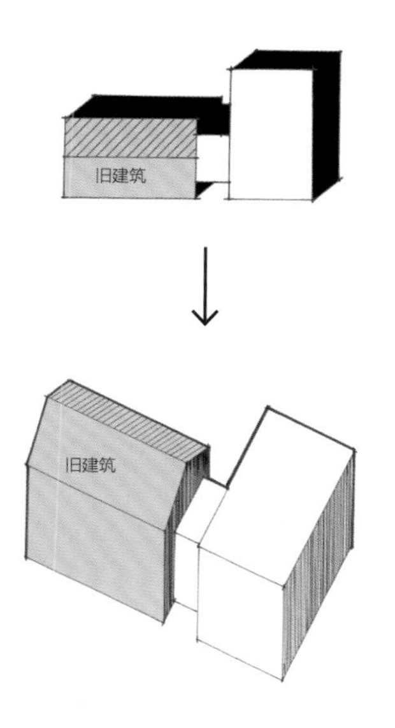

（a）新建筑集中并置于旧建筑一侧

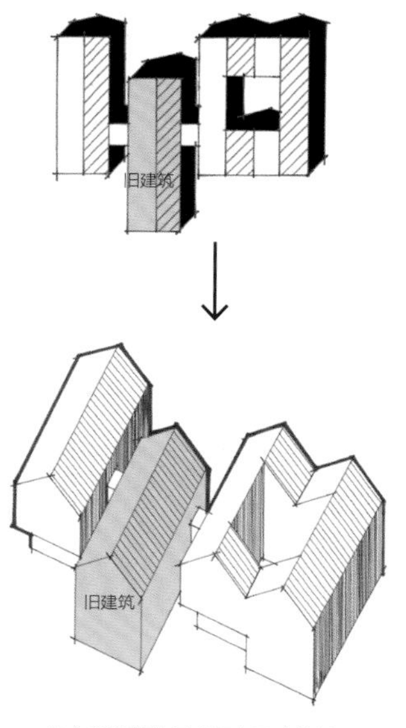

（b）新建筑体量分解与旧建筑并置

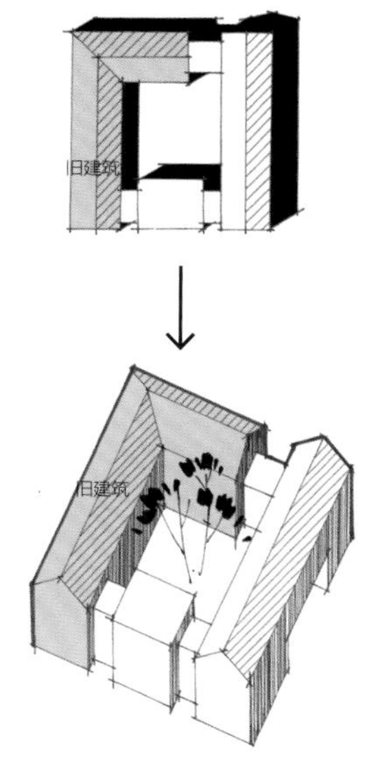

（c）新建筑与旧建筑形成围合式并置

图 8-1　新旧建筑并置

2. 新建筑包围旧建筑

新建筑还可以以围合的形式包围旧建筑，形成以旧建筑为中心的空间布局。对于一些具有保护价值的构筑物，可以采用这种布局方式，例如现实中的许多遗迹博物馆就会采用以遗迹为中心、展馆对其围绕的平面布局，从而在保护遗迹的同时也强调了遗迹空间的核心性。当现存构筑物为具有展示性的建筑时，可以采取新建筑对其半包围的平面布局关系。这样一方面新旧建筑空间能够紧密联系，另一方面旧建筑也起到了很好的对外展示效果（图 8-2）。

但是采用新建筑包围旧建筑的策略时，需要处理好新旧建筑之间的交接关系。一般还是以新老建筑脱开为基本原则，脱开的部分可以作为建筑中开放的公共空间，或者是交通空间，通过玻璃天窗封顶来强调这种分离关系；还可以直接将脱开的部分作为室外庭院，新老空间通过局部的连廊相连接，这样就能够最大化保留原有建筑的完整性，也使得人们得以从室外空间一睹建筑本色。同时具有观赏价值的旧建筑也可以成为优化庭院环境的影响因素。

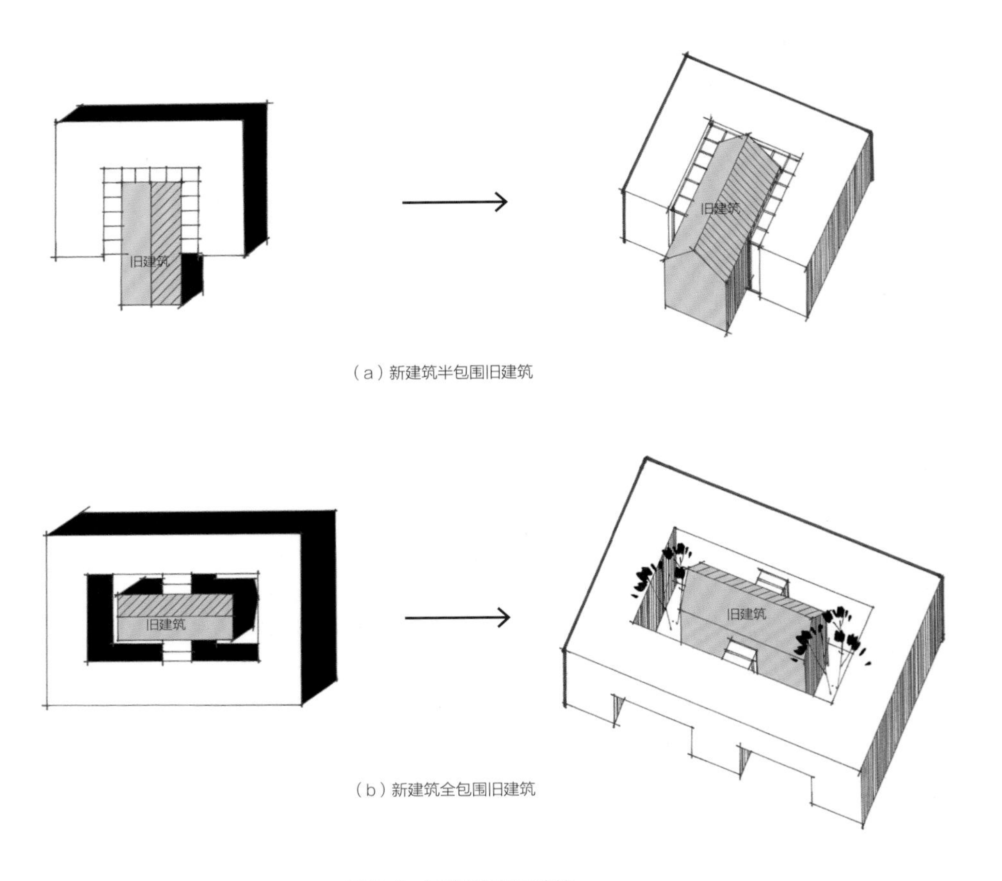

（a）新建筑半包围旧建筑

（b）新建筑全包围旧建筑

图 8-2　新建筑包围旧建筑

8.1.2 新旧建筑垂直分离

当旧建筑需要进行扩建，但场地环境限定较大或者是建设用地有限时，可以考虑将新建建筑加建于旧建筑之上，从而在垂直方向上实现建筑空间的增加。

1. 垂直叠加

对于城市中较大尺度公建的加建，可以直接将新建部分叠落在旧建筑之上，新老空间在竖向上实现连通。这种新旧建筑叠加的方式不仅节省建筑用地面积，同时在建筑效果上，由于新旧分明，对比强烈，还能够营造具有冲击力的视觉效果。

然而对于垂直叠加这种处理手法，不能忽视的一个关键点是新老建筑的结构关系。旧建筑的结构不能够直接用来支撑新的建筑体量，因为现存结构支撑荷载是适用于旧建筑的。因而当新建筑垂直叠加于旧建筑之上时，需要针对新建部分进行结构处理。较为常见的处理手法是新建部分的结构与老建筑脱开，新建筑的结构向下延伸，穿越旧建筑空间，一直落地（图 8-3）。这种手段需要合理安排新建结构的柱网尺寸和位置，需要避让开原有结构的位置，同时对原有建筑的空间也会产生一定影响，楼板也要进行破洞处理，方便新建结构穿过。

2. 新建筑凌驾旧建筑

当旧建筑具有一定历史保护价值时，在对其进行加建时还需要考虑旧建筑的完整性。因而在处理新旧建筑的衔接时，可以将新建筑做架空或者悬挑处理直接凌驾于老建筑之上，以求最大限度保证旧建筑的形态完整性（图 8-4）。例如当旧建筑为坡屋顶时，通过架空的方式就能够将原始建筑形态保留，新老建筑间空间上的联系可以通过架设连廊的方式进行，仅需对旧建筑围护结构进行小范围的修整。同时，凌驾的形态还直接避免了新建筑与旧建筑之间的结构冲突，新建筑的结构自成一体，与旧建筑呈现出完全脱离的关系。

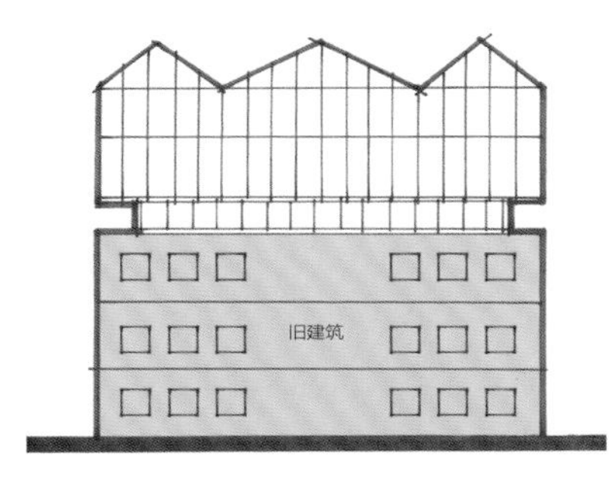

（a）新旧建筑垂直叠加立面示意

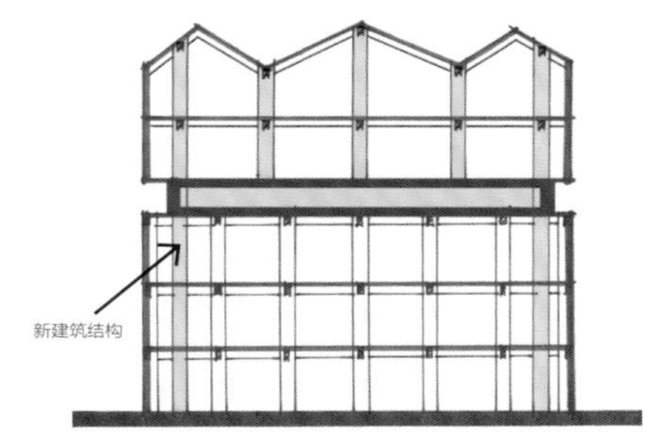

（b）新旧建筑垂直叠加结构处理

图 8-3 新旧建筑垂直叠加

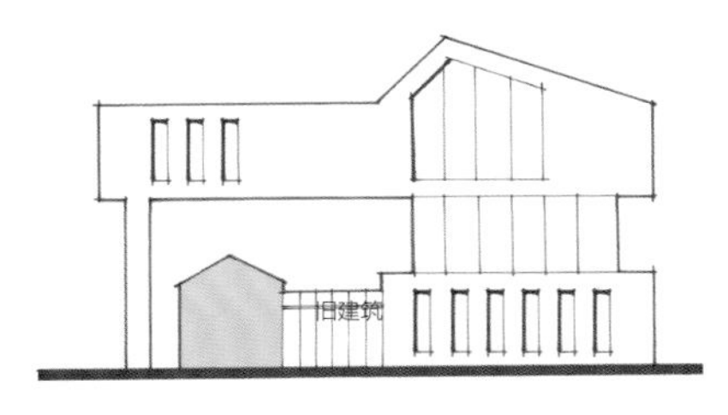

图 8-4 新建筑凌驾旧建筑

8.1.3 连接体设计

新老建筑由于立面材质和形体的不同，往往会产生强烈的新旧对比，因而如何处理二者之间的连接关系也是旧建筑加建中的一个关键设计点。通常新旧建筑不会直接相触，而是会在二者之间加设一个连接体来对新旧关系进行过渡。

1. 连接体的虚化处理

为使新旧建筑形体之间产生较为自然的过渡，一般会将连接体进行虚化处理，以“空”来连接“实”。对于虚化的手段，首先，可以运用玻璃作为连接体的外围护结构，使其呈现出透明玻璃盒子的形态；其次，还可以将连接体进行体量的削减，使其在建筑立面上形成凹陷，或者是直接形成露台和通透的架空（图 8–5）。

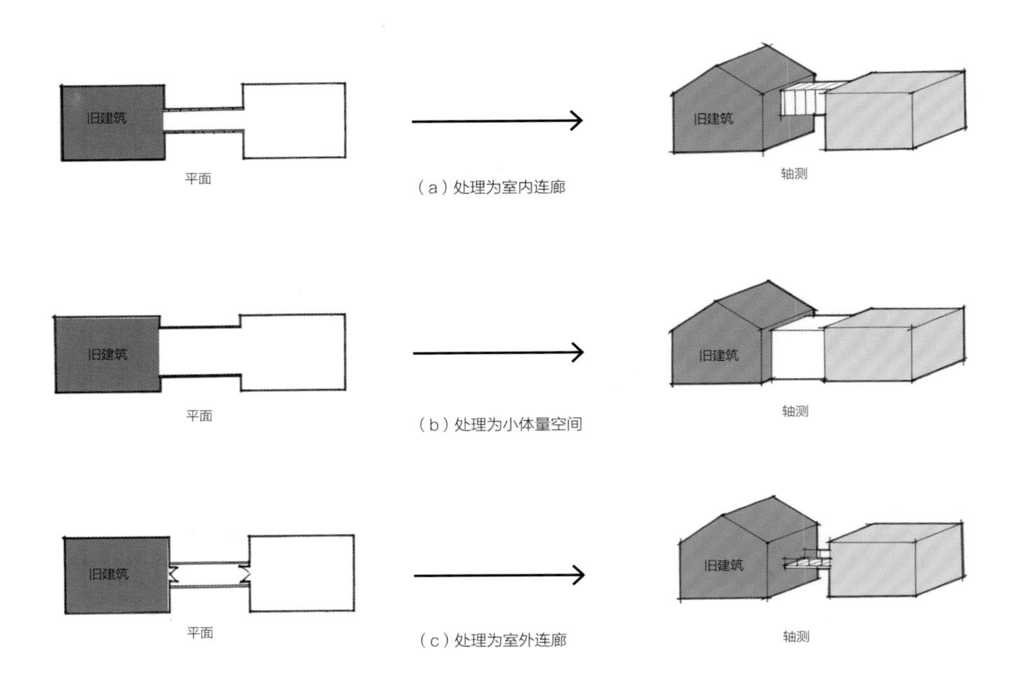

图 8–5　连接体的虚化处理方式

2. 连接体的空间处理

新旧建筑空间也可通过连接体来进行过渡。此时，就可以在连接体内设置一些公共空间，如交流空间、门厅或者是中庭等，虚化处理的连接体内部往往拥有良好的自然采光，也提升了公共空间的品质。当连接体尺度较小时，还可以直接将交通空间，例如走廊置入连接体，来对新老建筑进行过渡。当新老建筑间层高不同时，就可以利用连接体内的楼梯、坡道来对层高的差异性进行消解。

连接体还可以是室外走廊或者是平台，平台可以营造多层次的室外空间，当改造方案需要考虑多栋旧建筑的关联性时，就可以采用加建平台的手法。加建的平台可以成为联系各个建筑的交通廊道，同时还可以成为建筑群组的统一元素（图 8-6）。

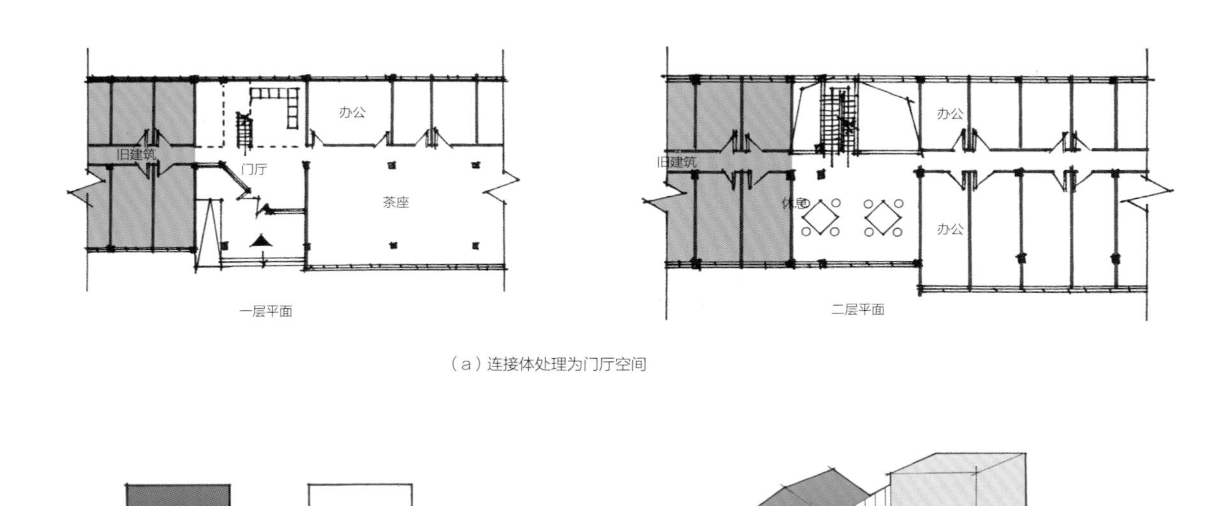

（a）连接体处理为门厅空间

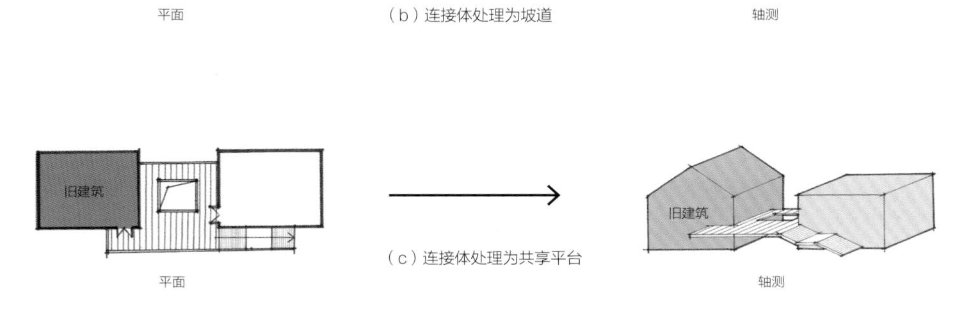

（b）连接体处理为坡道

（c）连接体处理为共享平台

图 8-6　连接体的空间处理

8.1.4 功能空间处理

加建扩建，在很多情况下是延续旧建筑的功能，例如教学楼、图书馆或者办公楼等的扩建，因此，新建建筑空间与现存建筑应作为一个新的建筑整体来进行功能的整合和公共及交通疏散处理。

1. 入口及门厅

面对加建中的新老空间融合，主入口及其直接相连的门厅空间需要视情况进行位置的调整。由于加建后建筑规模明显增大，也就意味着内部流线和功能排布更为复杂，此时，旧建筑的入口空间可能就满足不了新建筑的需要了。一般来讲，新的建筑主入口宜选择在新旧建筑的交接处，这样就可以让人进入建筑后到达新旧建筑各个空间的流线长度较为平均，分流效果较好（图 8–7）。

2. 辅助空间与交通疏散

新加建的建筑中还需考虑配套辅助设施的添加。旧建筑内部的辅助设施如卫生间、储藏室是按照旧建筑的功能和规模配置的，不适合直接服务加建后的新建筑。因而加建部分也要按规模和需求布置相应的辅助空间，来满足新建建筑的需要。

与辅助空间类似，新建建筑的交通疏散也需要结合老建筑进行再整合。在快速设计中，对于一般规模的加建，都需要加设 1 ～ 2 部楼梯作为竖向疏散，其中一部通常作为新建筑主入口门厅的景观楼梯（图 8–8）。

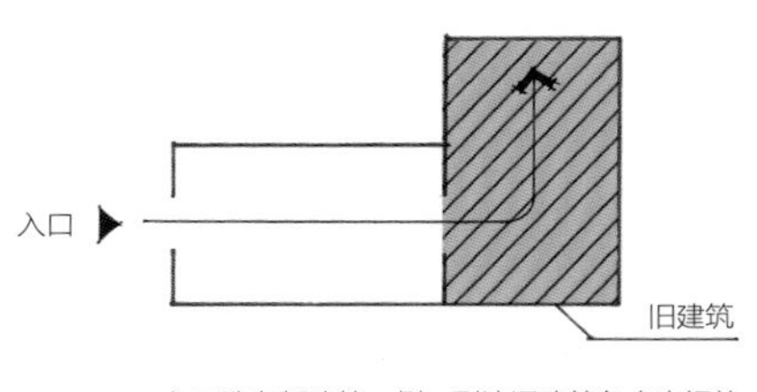

入口选在新建筑一侧，到达旧建筑各个空间的流线较长。

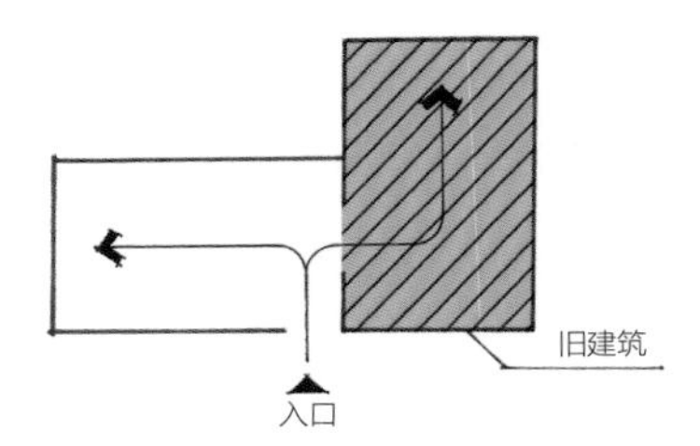

入口选在新旧建筑交接处，到达新旧建筑各个空间的流线平均长度最短。

图 8–7　入口位置选择

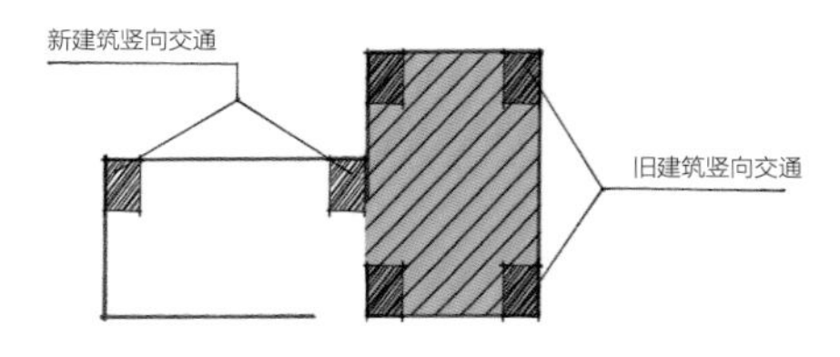

图 8–8　竖向疏散交通

8.2 旧建筑干预新建筑

对于建筑改造，旧建筑会对新建的建筑空间设计产生较大的限制，主要的限定因素是旧建筑的空间围护结构，包括墙体、窗、楼板和屋面板。为使旧建筑能够更好地满足新功能的空间需要，通常会对这些围护元素局部进行修整，但是修整的范围需适度，防止建设量过大、违背了旧建筑改造的初衷。一般而言，对于旧建筑改造，在空间处理上，主要是对这些原有的围护结构所限定的空间进行重构，或者是对外部空间进行改造，从而获得更具有流动性和趣味性的建筑空间。

8.2.1 水平空间重构

1. 增设限定

这里主要是指在原有的空间内部通过设置空间限定元素而界定出新的空间。在空间处理中，常见的空间限定方式有抬起、下沉、覆盖、设立、肌理变化和架起，因而也可以采取这些方式来对现存建筑的内部空间进行优化与调整。例如在对一栋仅具有大空间的旧建筑进行改造时，就可以通过加设隔墙或其他围护结构来限定小尺度的空间，如办公室等；还可以通过替换地面肌理的方式才界定和分割空间，如卫生间就可以绘制地砖来凸显其位置，在室内地面放置景观元素可以起到划分空间的作用（图 8–9）。

2. 移除限定

是指对原有室内围护结构进行拆除而形成尺度大且开放的空间。新建筑的功能可能会对空间具有开放性的需求，例如开放式办公空间、展示空间、交流空间等，此时就可以将现存建筑内的隔墙拆除，使原有的小空间融合为具有流动性的开放空间，来满足功能的需要（图 8–10）。

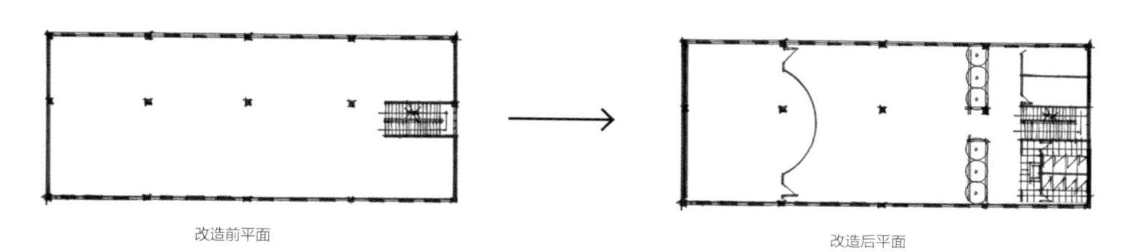

增设限定的手法常用于老厂房等具有大尺度空间的改造，可以创造各个形态和尺度的空间。

图 8–9 增设限定

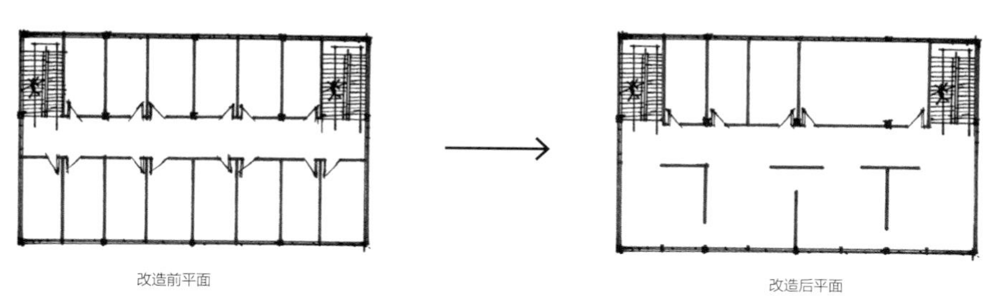

移除限定的处理方式常用于老办公楼等具有众多小尺度空间的建筑改造。

图 8–10 移除限定

8.2.2 竖向空间重构

竖向空间可以营造丰富的空间体验，并提升空间的趣味性，对于旧建筑改造，室内竖向空间处理是非常重要的一步，是使老建筑化腐朽为神奇的关键环节。一般对旧建筑进行竖向空间改造方式也分为增设限定与移除限定两种方式。

1. 增设限定

在竖向上增设限定的方式一般为下沉、抬起与架起。当旧建筑的高度不能够满足新功能的需要时，就可以采用下沉的手法，将室内地坪下挖，提升室内的净高度。但是需要注意现存结构的埋地深度，不宜下沉过多。

还可以利用抬起营造多层次的使用空间，如局部升高地坪就可以形成类似于舞台或者展台的空间；而将大台阶置入公共空间也是一种增添开放空间趣味性的手段，例如将大台阶的踏步宽度加宽，就可以形成可供人停留的交往空间。

此外，还可以通过架设楼板的方式限定新的位于不同层高的空间，例如如今常见的老厂房改造就经常局部架设楼板，形成跃层空间，充分利用旧建筑的层高优势创造更多的使用空间，同时另一部分空间仍保持开放的状态，形成疏密有致的竖向空间。在建筑层高充裕的情况下，还可以在空间内部架设不同高度的楼板来营造错层空间，错层空间将原本单一层高的空间转变为了多种层高空间混合的趣味空间，同时错层间的高差可通过踏步、坡道连接，交通空间的趣味性也提升了。局部架设楼板可以形成开放的多层次的竖向空间，但是为营造更为丰富的空间体验和视觉效果，还可以将若干架设的楼板四周用隔墙包围，从而形成封闭的小空间，形成了封闭与开放空间交融变换的空间感受，而在视觉上封闭的空间就像是一个个悬浮在大空间内部的小盒子（图 8–11）。

2. 移除限定

对于一些旧的框架结构建筑，其内部空间被楼板与隔墙“过度”限定，形成了过于均质的竖向空间，因而这样的空间往往缺乏趣味性。为提升改造后建筑空间的质量，可以适当移除已存的竖向限定元素（楼板），来促进上下层空间的交流，提升空间的流动性与趣味性。

将楼板打通就形成了通高空间，利用这一手段，就可以用来提升开放空间的空间品质，例如打通门厅上方的楼板形成门厅通高，或者打通数层楼板形成中庭通高空间。此外，还可以在不同位置对楼板进行移除，而形成充满趣味性的错位通高空间；或者是有规律的拆除楼板，从而形成富有节奏韵律变化的室内空间（图 8–12）。

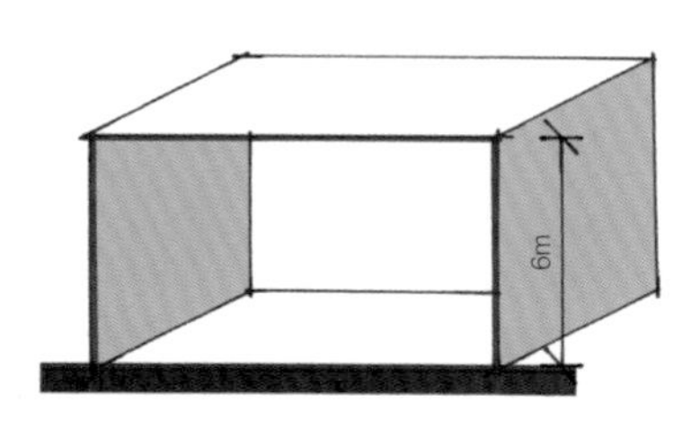

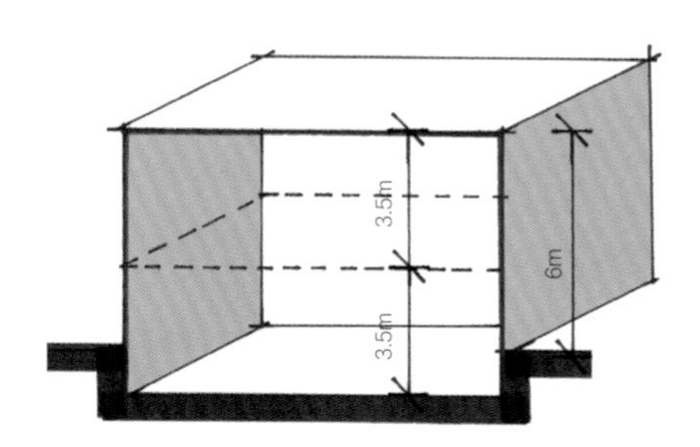

（a）下沉作为限定增加建筑层高

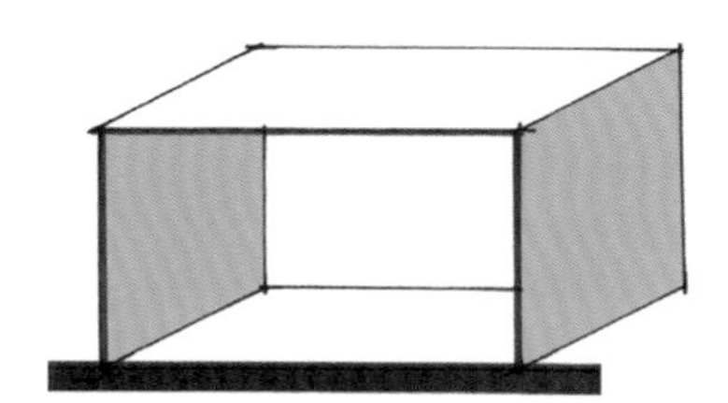

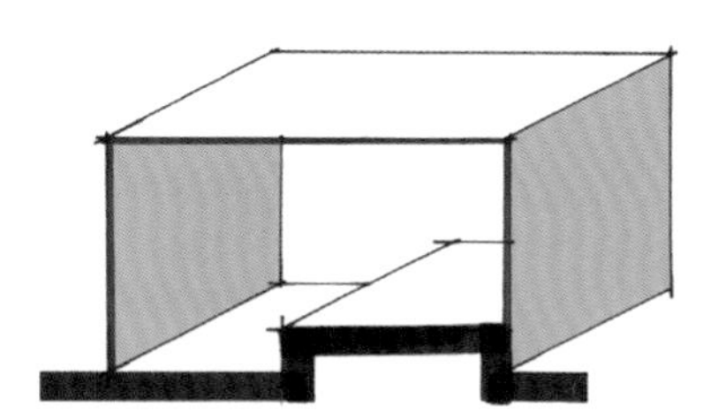

（b）抬起作为限定丰富空间层次

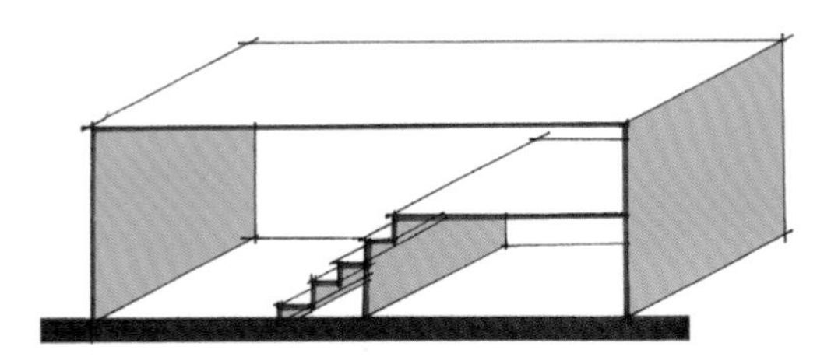

（c）台阶作为限定

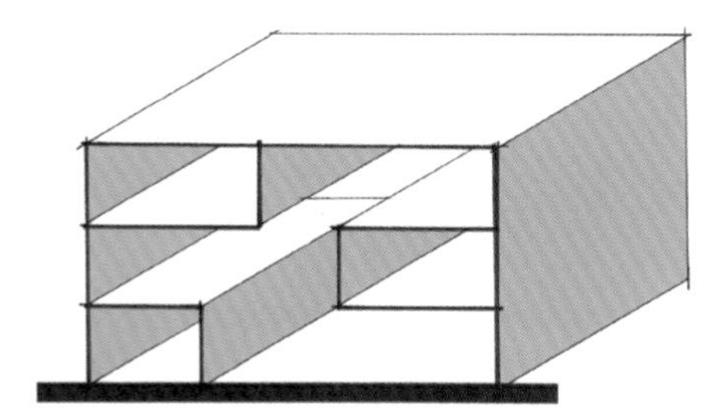

（d）增设楼板及围墙作为限定

图 8-11　增设限定

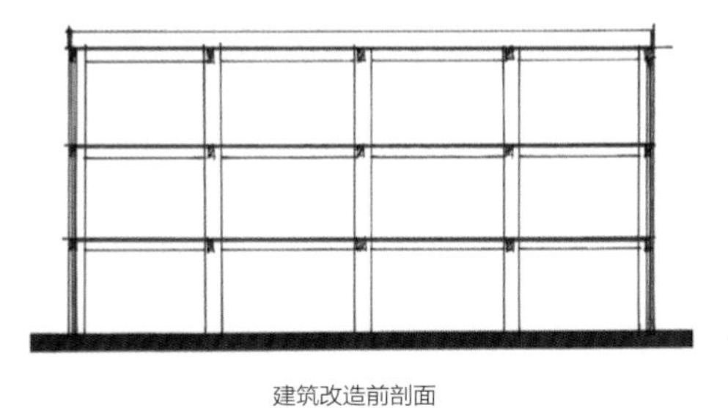

空间高度固定，空间感受较为封闭，不具有流动性。

建筑改造前剖面

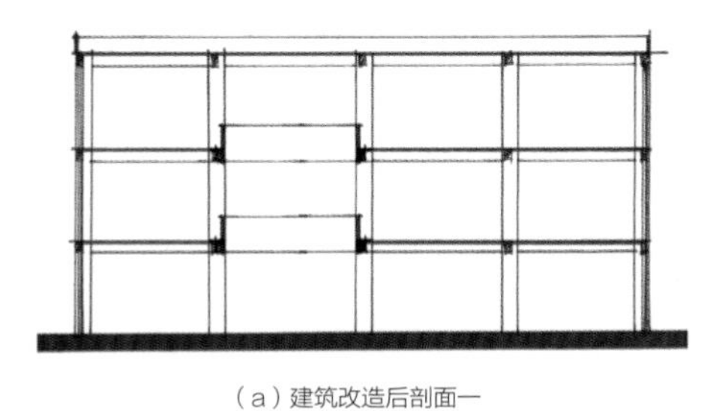

每层相同位置移除楼板，形成对位通高，增加空间整体流动性。

（a）建筑改造后剖面一

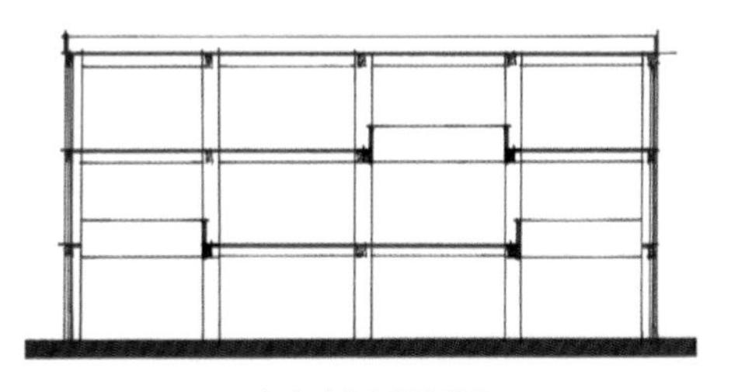

每层不同位置移除楼板，形成错位通高，增加空间整体流动性。

（b）建筑改造后剖面二

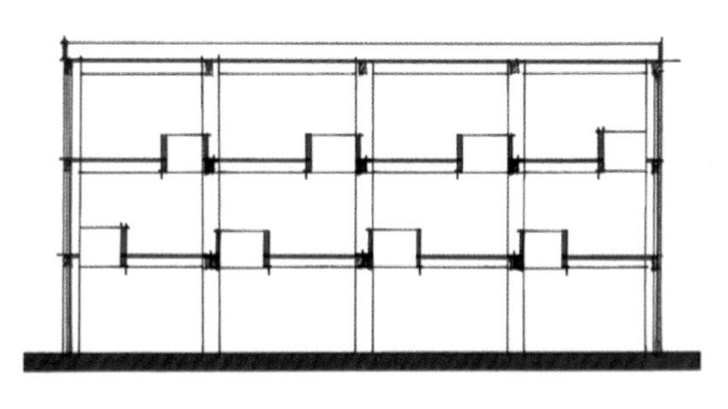

有节奏地移除楼板，形成节奏韵律，增加空间整体流动性。

（c）建筑改造后剖面三

图 8-12　移除限定

8.2.3 外围护界面重构

利用旧建筑的历史感来凸显新建筑的现代感，是旧建筑改造过程中最为常见的处理新旧关系的方法，因而在旧建筑改造中应该适当对旧建筑的局限进行突破，来体现新与旧的对话。通常旧建筑的局限是其固定且陈旧的外围护界面，例如墙体与屋顶，因而打破这些元素的限制往往就能营造出一种新与旧激烈的碰撞感。

1. 界面外扩

对界面的突破首先可以采用外扩的方式。例如将新建筑空间突破老建筑立面向外延伸，就能够在界面上形成新的建筑体量。当旧建筑缺少作为门厅的空间时，就可以将地面层空间向外延伸，形成宽敞的入口空间，并且延伸出来空间的顶界面还可以作为上层空间的屋顶平台。上层的建筑空间也可以向外延伸呈现出悬挑的剖面形式，这种做法可以在旧建筑的立面上插入了崭新的“盒子”，形成新旧对比的同时也增添了立面的趣味性与光影效果。

在旧界面中插入“盒子”的手法还适用于屋顶界面，“盒子”的插入打破了屋顶层高的限制，局部提升了室内空间的净高，还增添了第五立面的趣味性。对于坡屋顶旧建筑，插入“盒子”更能够为室内空间争取到更多的使用空间，提升空间的利用率（图 8–13）。

2. 界面削减

对界面的重构还可以利用削减界面的手段来实现，这种方法通能够营造更多的室外空间。例如可以将旧建筑局部立面进行拆除，接着将新的建筑界面进行后退，就可以形成阳台或者是露台。对于建筑屋顶，则可以直接移除屋面板，置入内庭院或者是屋顶平台来满足新建空间采光的需要和提升空间的景观性与趣味性（图 8–14）。

3. 界面破除与填堵

当旧建筑的界面过于封闭无法满足新建筑对采光的需求或者造型需要时，可以对旧建筑的立面或者是屋顶进行破除，从而使室内获得更佳的采光质量，或者对一些没有必要的洞进行填堵。对于建筑立面，可以对窗洞口进行扩张，或者直接在不影响结构支撑的情况下开设新的窗洞口进行采光。对于建筑屋顶，局部破除则形成了天窗，对于大进深的旧建筑改造，加入天窗能够很好提升室内空间采光质量（图 8–15）。

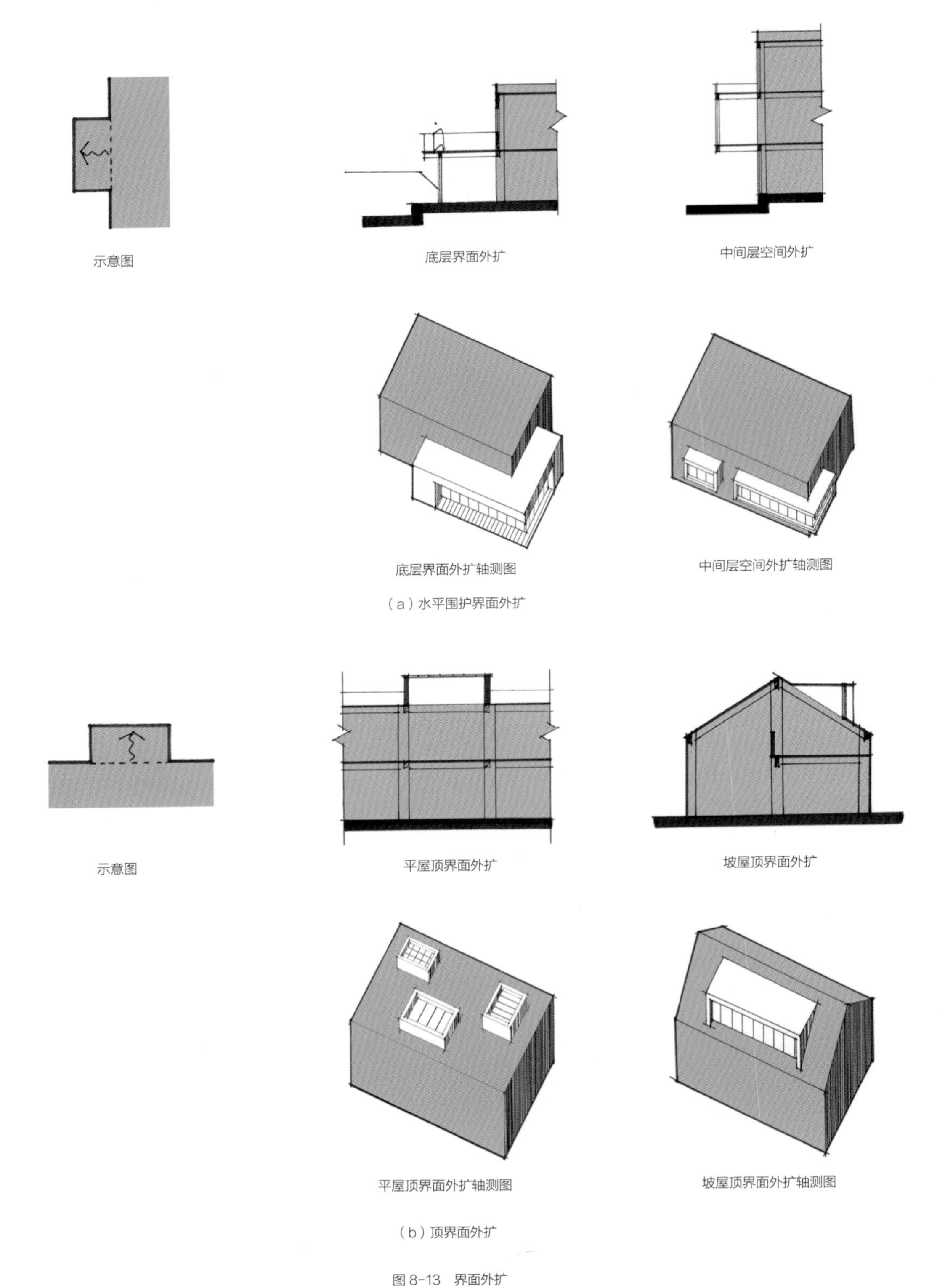

（a）水平围护界面外扩

（b）顶界面外扩

图 8-13　界面外扩

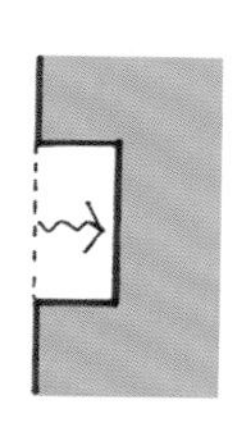
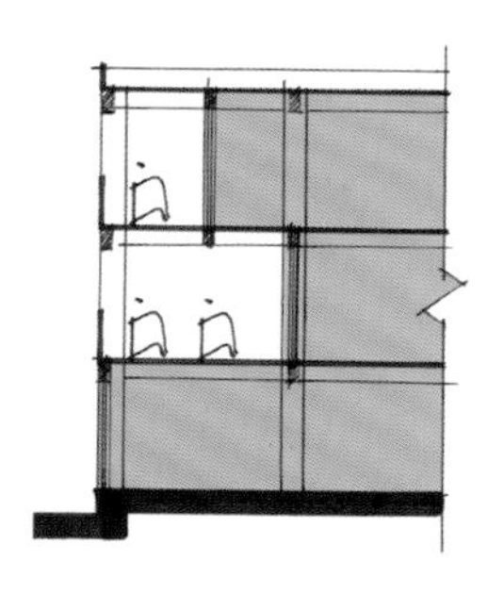
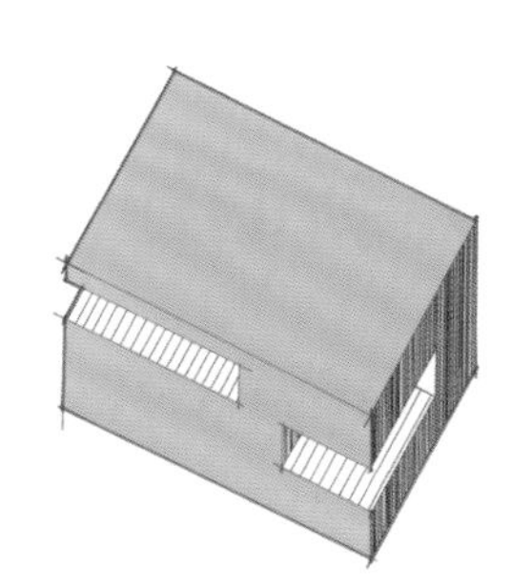

（a）水平围护界面削减

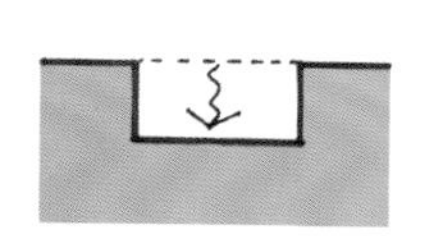
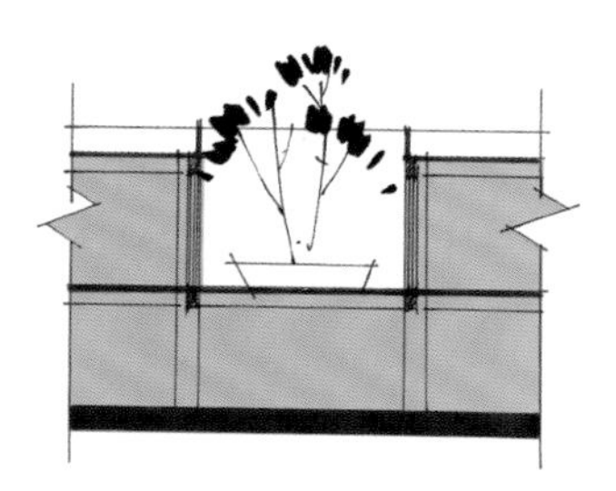
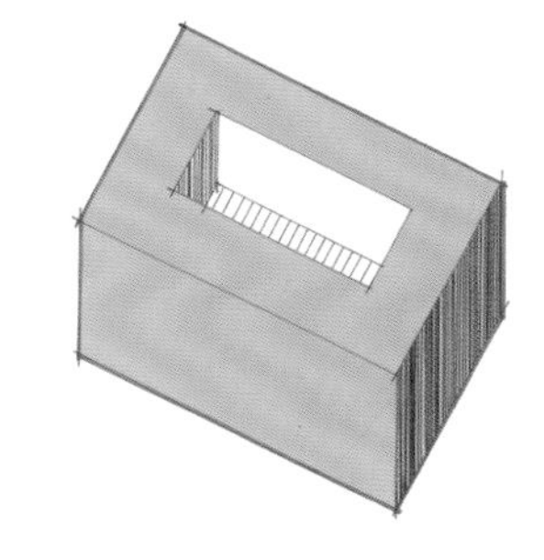

（b）顶界面削减

图 8-14　界面削减

（a）水平围护界面重构

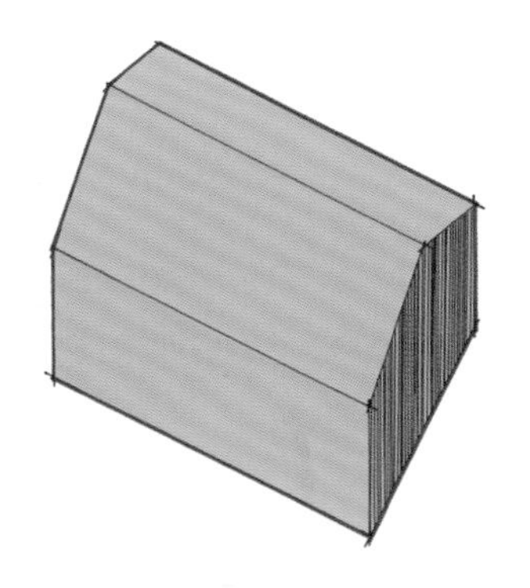
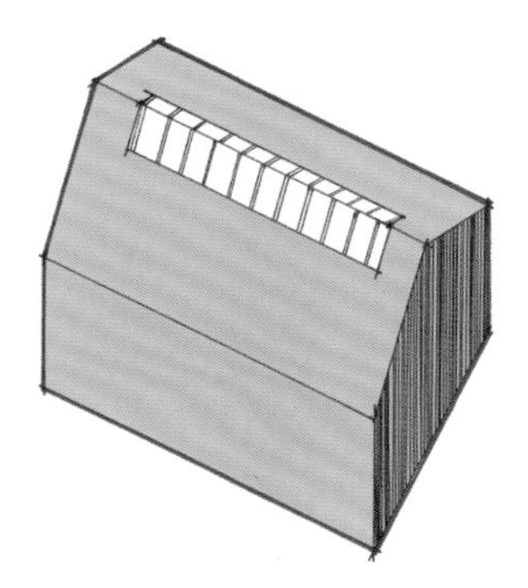

（b）顶界面重构

图 8-15　界面重构

新旧建筑的结构关系处理

9.1 新建结构与现存结构分离

新建结构与现存结构分离指新建的建筑拥有一套与现存构筑物脱离的结构体系。在快速设计中，处理新老结构间关系的基本原则是相互脱开，使新建结构的基础部分不会在地面之下与现存构筑物的基础发生冲突（图 9–1）。

9.1.1 建筑扩建

当新建建筑与老建筑之间为水平并置的关系时，新建部分根据需要可采取合适的结构体系，无需对旧建筑的结构做处理。然而新旧建筑是一个统一的整体，虽然结构间可以相对独立，但是要考虑与老建筑衔接部分的处理。为避免结构的碰撞，新旧衔接的部分通常可以通过设计悬挑和留缝的形式处理，留缝的处理可以模仿沉降缝的处理手法（图 9–2）。

9.1.2 建筑改造

当进行旧建筑内部空间改造时，也需要注意新建结构与现存结构脱开，新旧结构交接处的接缝仍可以参照沉降缝的处理手法。同时，由于旧建筑空间尺度的限定，改造时需要选择合适的柱网以及建筑层高。

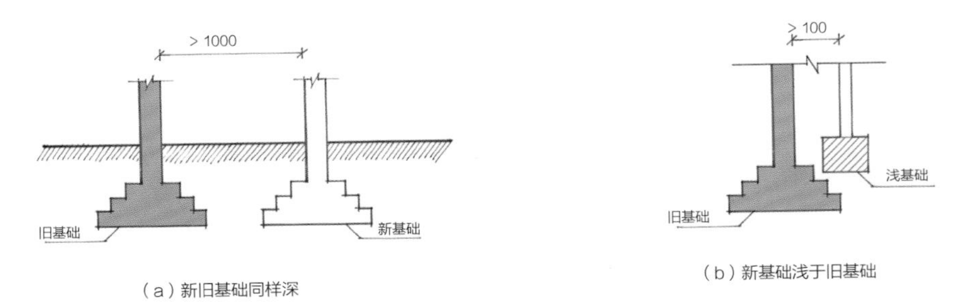

（a）新旧基础同样深

（b）新基础浅于旧基础

图 9–1 新旧建筑的基础关系

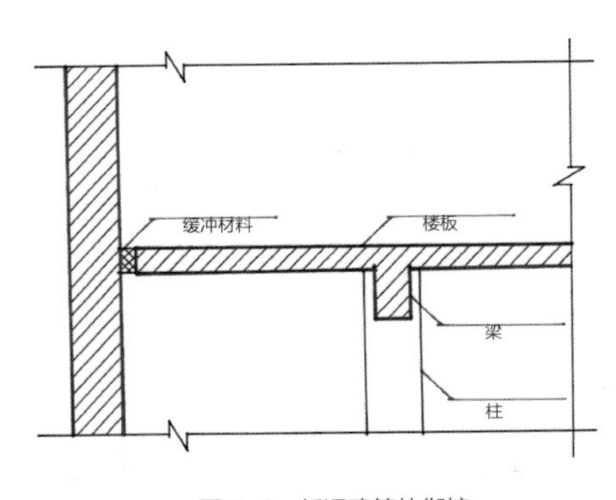

图 9–2 新旧建筑的衔接

9.2 新建建筑依附现存结构

新建筑还可以与旧建筑共用一套结构体系，这种方法常常用于旧建筑内部空间的改造，这种改造一般仅针对室内空间的处理，仅与围护结构有关，而无关乎结构。还可以用于旧建筑的垂直向加建，新加建的部分利用旧结构进行支撑。对旧建筑的结构进行合理的利用和改造不仅节省了建筑造价，还能够获得充满前卫感的空间造型效果。

9.2.1 结构改造

当需要利用旧建筑的结构来承担更多荷载时，就需要对原有结构进行改造处理。

1. 原有结构加固

对原有结构加固首先可以采用贴纤维片、条的做法，对于板、梁、柱的加固均适用，方法比较简单，对于原结构的破坏很小，能够保证原结构的完整性。在实际工程中，还可以利用加大截面法来对梁与柱进行加固。对于梁的加固，具体做法为凿除钢筋保护层，然后将露筋与新加箍筋焊接，最后再加上新的混凝土与纵筋（图9–3）。

2. 新旧结构连接

当进行垂直加建时，可能会遇到新旧结构的竖向连接问题。当新建筑的混凝土柱需要与现存混凝土柱进行竖向连接时，一般可以将原结构顶部的保护层移除，将新柱的钢筋植入原结构。当新建筑采用钢柱时，新旧柱子之间的联系首先需要移除原混凝土柱顶部的保护层，然后预埋钢片，最后将新的钢柱焊接到钢片上。

对于旧建筑的改造，还可能会涉及在原有柱子上架设新梁的问题，此时可以采用“牛腿法”对原柱进行改造，从而使新梁得以有支撑点。为了使新梁可以与旧柱的连接关系更加紧密，常常将原柱的保护层打掉 3 ～ 5cm，但不可以伤到主筋（图 9–4）。

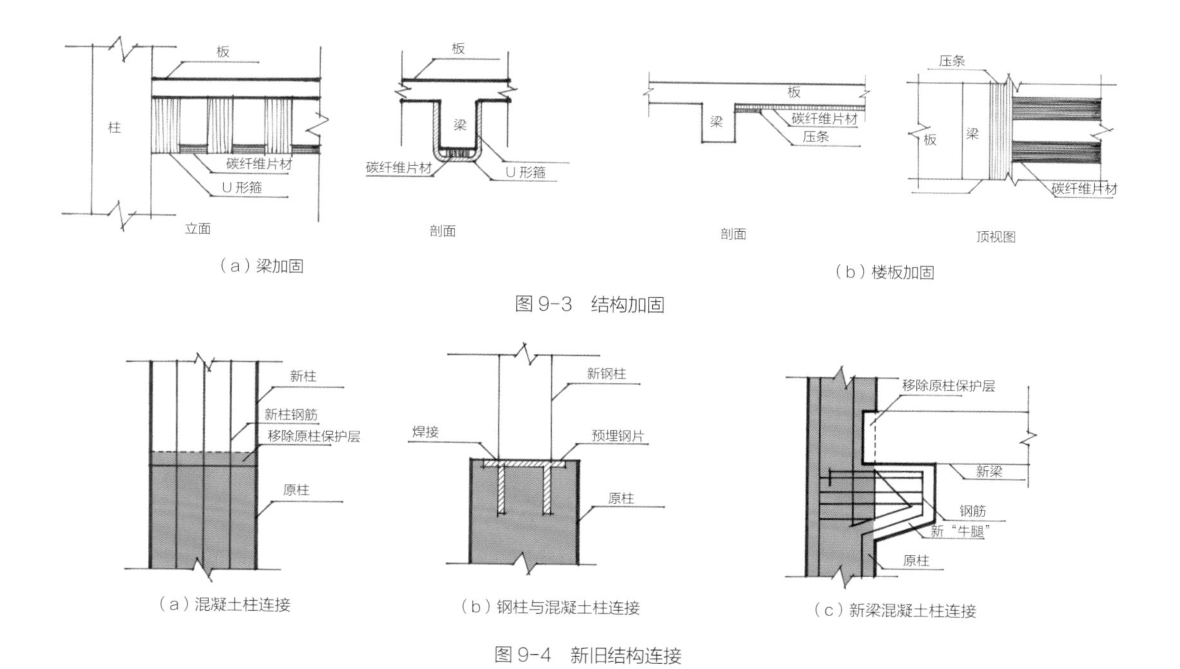

图 9–3 结构加固

图 9–4 新旧结构连接

9.2.2 结构利用

新建筑对于旧建筑结构的利用不仅仅可以作为结构支撑，还可以利用旧建筑的结构特色营造富有张力的建筑形象。

1. 桁架外露

常见的老工业厂房常常采用桁架作为建筑结构，而桁架结构自身具有形态多样化的特点，且杆件之间的搭接体现了建构美，因而对桁架结构旧建筑进行改造时，要利用结构特色来营造富有结构魅力的室内外空间。其中一种对桁架利用的方式就是将其做暴露处理，可将新建外围护结构后退，使桁架以构架的形式外露（图9-5）。实际案例中很多工业建筑的改造会利用这种方法，使旧建筑的桁架外露，与改造部分的“新”形成鲜明的对比。

2. 框架外露

大部分普通公建最常采用的结构是框架结构，当对其进行建筑改造时，也可以局部将框架外露，形成丰富的建筑形态与内部空间体验。将建筑外围护结构局部移除，便能够使框架外露，裸露的框架可以作为花架或者是立面的“补形”构图元素（图 9-6）。将内部空间的围护结构移除时，则能够形成既有框架约束而又没有围护结构限定的流动空间。

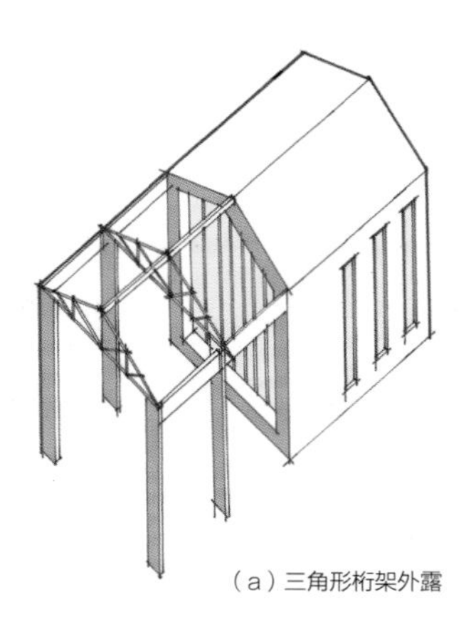

（a）三角形桁架外露

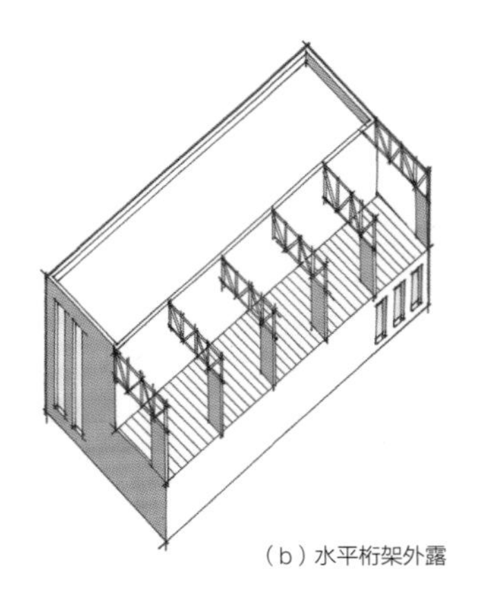

（b）水平桁架外露

图 9-5 桁架外露

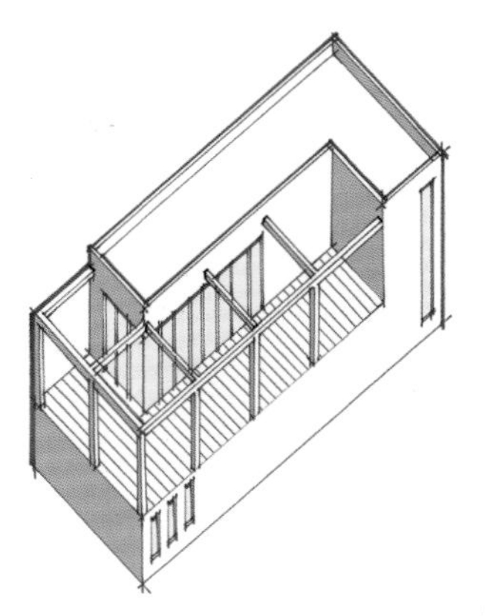

框架外露可以形成形体补形元素，还可以用作花架，也可以形成丰富的光影效果。

图 9-6 框架外露

10 新旧建筑的形态关系处理

在对旧建筑进行加建的过程中，还需要考虑处理新旧建筑形态层面的关系，通常会以“补新以新”为原则，使新建筑与老建筑从外在就存在鲜明的新旧对比，以新建筑衬托老建筑，或者是以老建筑来反衬新建筑。

10.1 对比法

10.1.1 形态对比

“补新以新”的最为直观的手法就是破除新旧建筑的形态之间的关联性，通常这种手法是为了强调新建筑，而利用旧建筑来反衬新建筑的形态。例如旧建筑为老旧的坡屋顶形式，那么扩建、加建的新建筑就可以采用平屋顶形式或者其他更为夸张的造型，来彰显新建筑的个性。在垂直向的旧建筑加建设计中，也可以赋予位于旧建筑之上的新建筑更多造型上的变化，使扩建后的建筑更具有标识性。需要注意的是，这种显著的对比手法并不适用于历史保护街区的旧建筑加建与改建，因为新旧强烈的反差会撕裂现存城市肌理，不利于文脉的延续。

10.1.2 虚实对比

当旧建筑的价值高于新建建筑时，新建筑往往会呈现出“隐匿”的姿态来维持旧建筑的地位。隐匿的手法可以直接将新建筑处理为虚体，或者将新建筑处理为简洁低调的形体，还可以将新建筑的外界面进行后退，以自身的“虚”衬托老建筑的“实”（图 10–1）。

10.1.3 材质对比

新旧建筑间最明显的差异之一就是材质的不同，即使新旧建筑采用了同一种外立面材质，也会因为年代的不同以及处理工艺的不同而轻易地辨别出新与旧。利用建筑材料的差异性，可以在新旧建筑形体相似的情况下依然产生强烈的反差（图 10–2）。

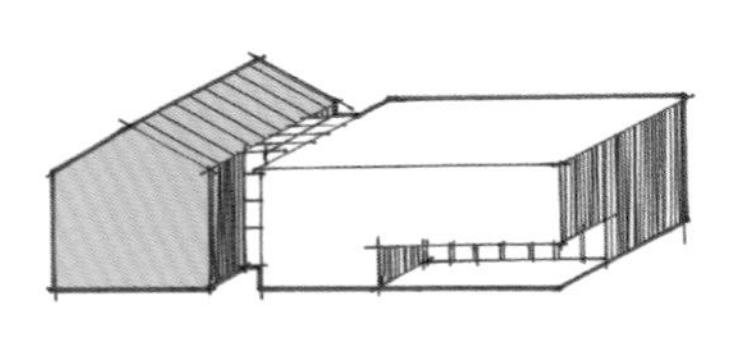

（a）横向虚实对比

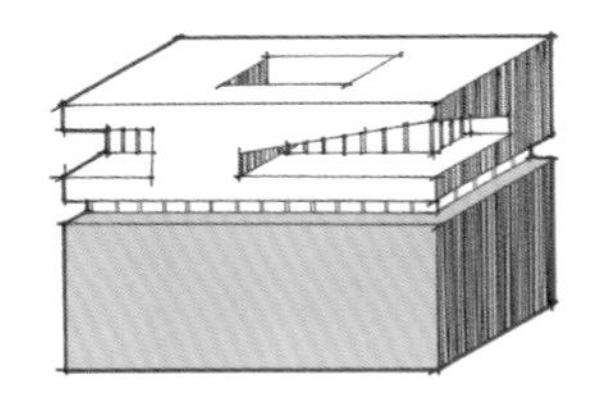

（b）纵向虚实对比

图 10–1　虚实对比

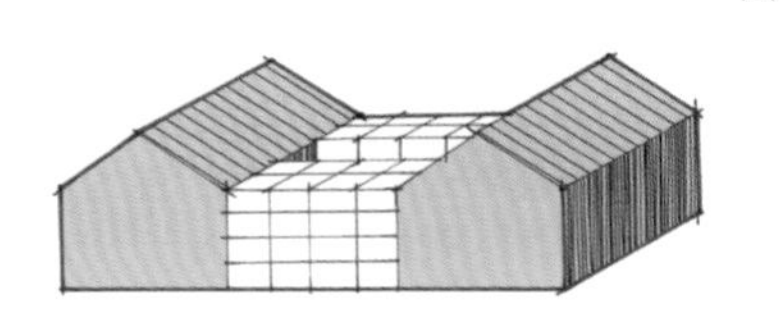

（a）玻璃与建筑实体形成材质对比

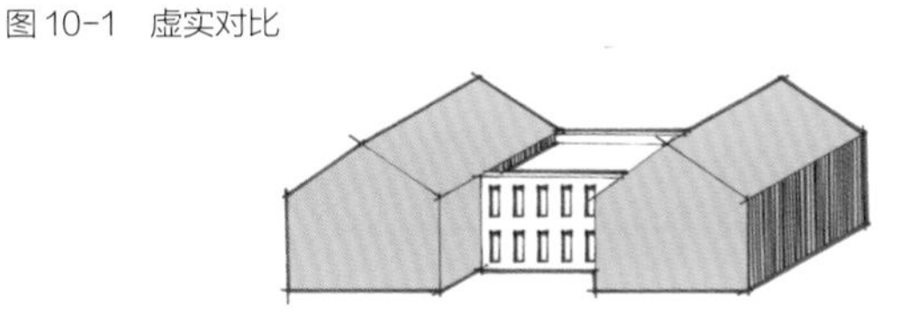

（b）不同质感的材质形成对比

图 10–2　材质对比

10.2 统一法

新旧建筑之间除了利用对比的手法来建立新与旧的对话外，还可以用统一法来使新旧建筑之间产生某种层面上的关联性。统一法常常用于历史保护街区或者具有特殊建筑风貌地区的旧建筑加建与改建中，使新建筑能够很好地呼应旧建筑，延续现存环境中的建筑风貌。然而，统一并不意味着复制，新旧建筑间的联系往往是抽象化的，经过提取的关联。

10.2.1 建筑形态提取

对建筑形态提取，并运用于新建筑的造型是一种直观的呼应老建筑的方式。对旧建筑形态的提取可以从建筑体量和屋顶形式两个方面切入。

1. 建筑体量的提取

新建筑可以从体量上对老建筑进行呼应，例如新建筑的尺度可以参考旧建筑的面宽与进深，以及建筑高度。当新建筑规模较大时，则可以对新建筑的体量分解为若干与旧建筑相似的体量，来维持新旧建筑之间的和谐关系。当新建筑规模小于旧建筑时，则可以对与旧建筑规模相似的建筑体块进行削减和挖洞处理来创造满足新建筑需要的空间大小。削减的建筑空间可以作为新建筑的底层架空和中间层架空空间、屋顶平台和内庭院空间（图 10–3）。

2. 屋顶形式的提取

坡屋顶是一种较为常见的建筑风貌特征，因而当对处于坡屋顶风貌区域的旧建筑进行改造和加建时，可以对屋顶形式进行提取和演绎，最终运用于新建筑的形体设计中。

对于屋顶形式的提取，首先可以采用相似抽象法，即复制旧建筑的坡屋顶形态轮廓，去除复杂的细节，而呈现出具有现代感的坡屋顶；还可以采用相似突变法，即对旧建筑的屋顶形式进行复制，接着插入异质元素来强调新旧的对比；还可以使用演绎法，即只对坡屋顶的类型进行复制，而不去考虑具体的比例和尺度的一致性，所得到坡屋顶的形态更为自由，新旧建筑之间具有联系的同时又存在着强烈的反差（图 10–4）。

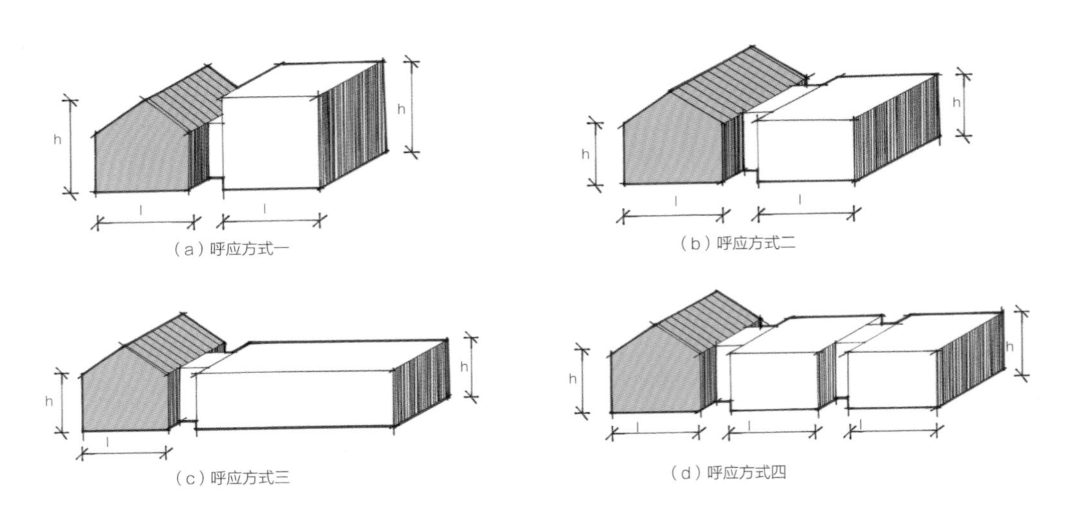

图 10–3　建筑体量提取呼应

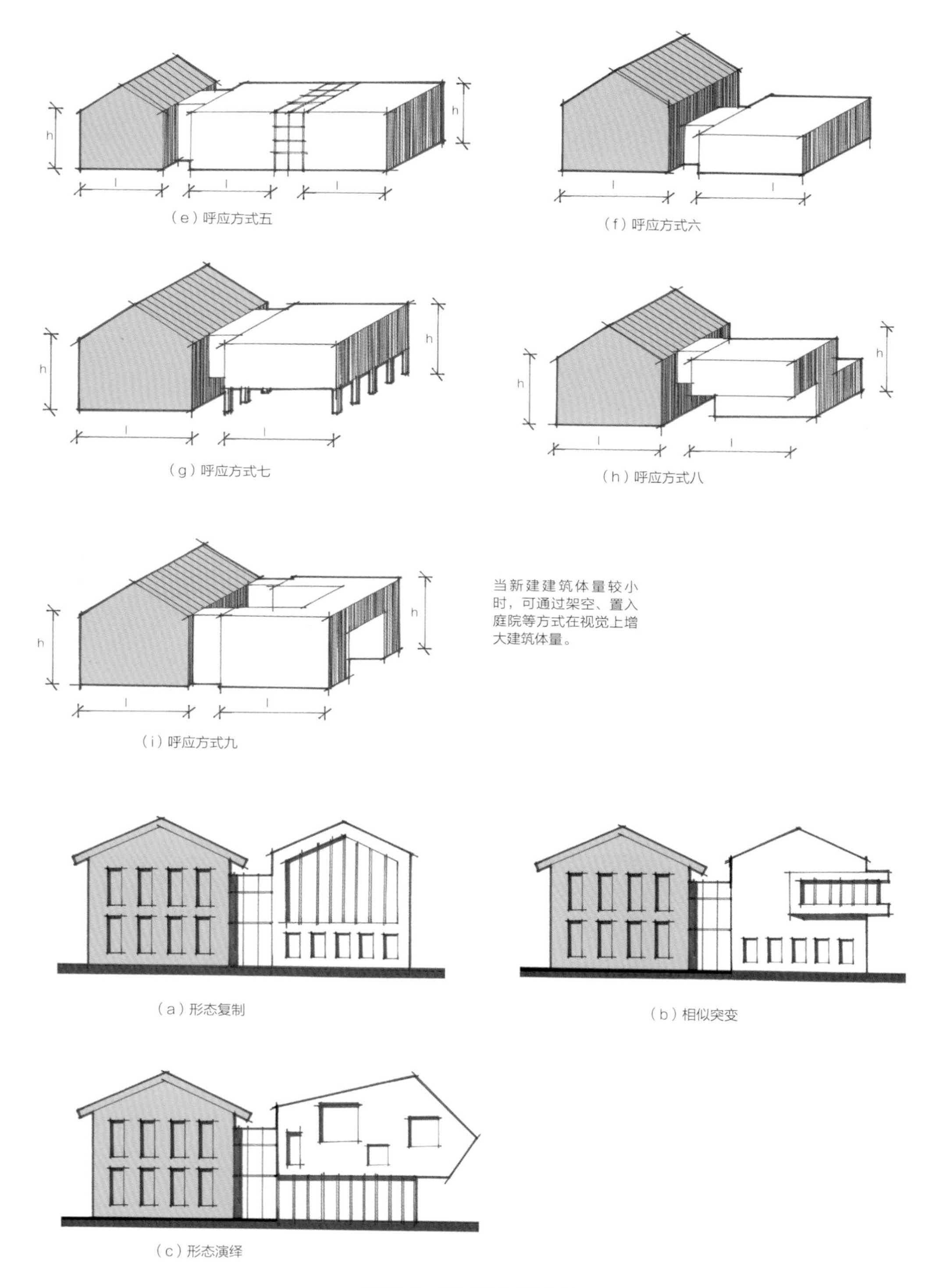

图 10-4　屋顶形式提取与呼应

10.2.2 立面元素提取

新旧建筑间的联系还可以通过立面处理来建立，新建筑立面的开窗位置、开窗形式和材质都可以从旧建筑的立面中提取。

1. 窗洞口位置

旧建筑的开窗位置可以为新建筑提供参考。不论对于水平加建还是垂直加建，旧建筑开窗位置都可以引出参考线作为新建筑的开窗位置的定位线。这样，新建筑在立面上的虚实关系就可以和旧建筑保持高度的一致性（图 10–5）。

2. 窗洞节奏与形态

旧建筑窗洞的节奏与形态也可以被提取，在新建筑中进行演绎。例如旧建筑的开窗特点是小且分散，那么在新建筑上就可以在局部模仿旧建筑的开窗形式对旧建筑进行呼应。当旧建筑的开窗具有某一特殊形态特征时，新建筑的开窗也可以用现代的设计语言对这一形态特征产生回应（图 10–6）。

3. 材质与色彩

新建筑还可以局部采用旧建筑的材质与色彩来加强彼此间的关联性。

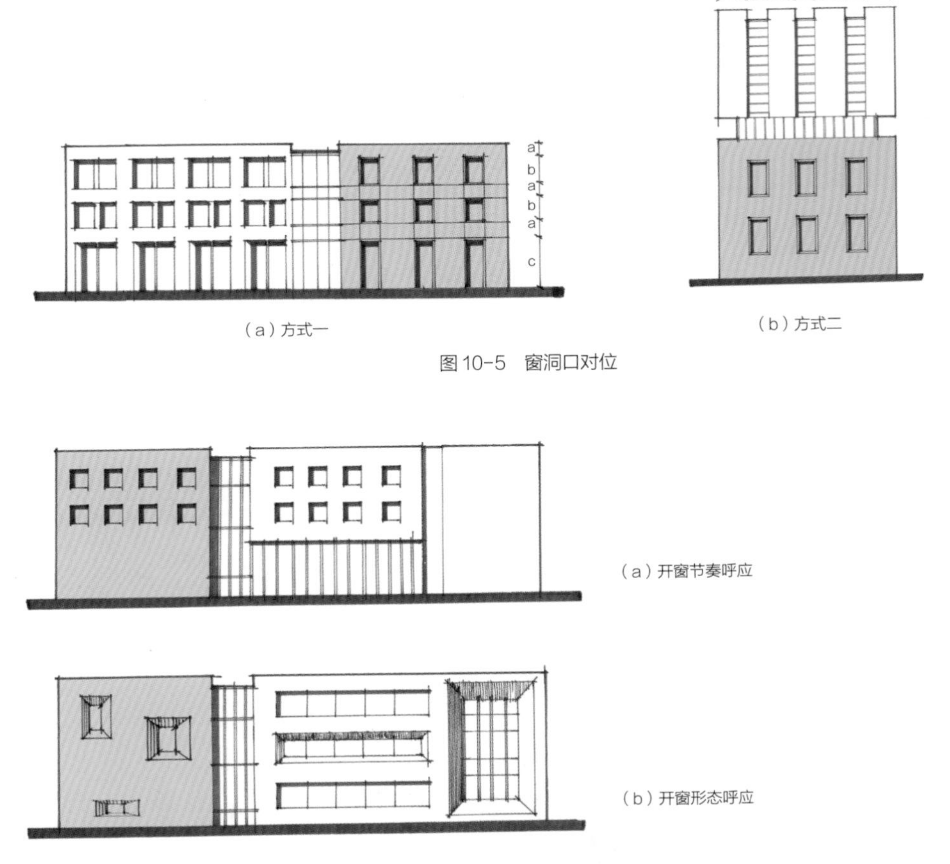

（a）方式一　（b）方式二

图 10–5　窗洞口对位

（a）开窗节奏呼应

（b）开窗形态呼应

图 10–6　窗洞口节奏与形态呼应

11 经典案例分析

11.1 The Waterdog 办公室 / kladarchitectuur

该建筑原本是一个教堂，如今加建为一个艺术工作间。设计师的主要目的是创造出将过去、现在和未来紧密相连的、具有挑战的工作环境。设计中将不同的工作室层层叠加，不同的部门被放置在不同的楼层，最后打造充满活力的工作空间。主要要点有以下三个。

1. 新老建筑关系

新建筑设计在老建筑之中，完全被包含。而从剖面来看，新建筑完全嵌入教堂之中，教堂的立面依旧暴露在外部，因此，建筑的目的不是保护建筑，而是在内部通过不同层层叠加的楼板，让过去、现在和未来对话。同时，新建筑最后穿透了老建筑，在外立面中突出去，给外面的游客更直接的吸引。

2. 空间设计

设计策略主要是在老建筑内部增设楼板。虽然策略比较简单，但选择的位置很特别。为了使得老建筑的历史痕迹被完好地保留下来，建筑师在教堂内部曾经受到破坏的地方增加了新的结构，通过层层的楼板，与老建筑结构完全脱离开，因而既保护了老建筑的历史痕迹，又能让游客更近距离地观看这些细节。

3. 材质对比

首先，新的结构与保留记忆的老墙形成强烈的对比。其次，老的建筑依旧会在时间的冲刷下逐渐销蚀，但通过这样的设计，人们也可以在建筑内部观看到建筑的销蚀过程。最后，在外立面和内部空间中，新设计的白色墙体和原本古朴的砖墙也形成了鲜明的对比。

建筑外观

新老空间

新老空间衔接

图片来源：https://www.archdaily.cn

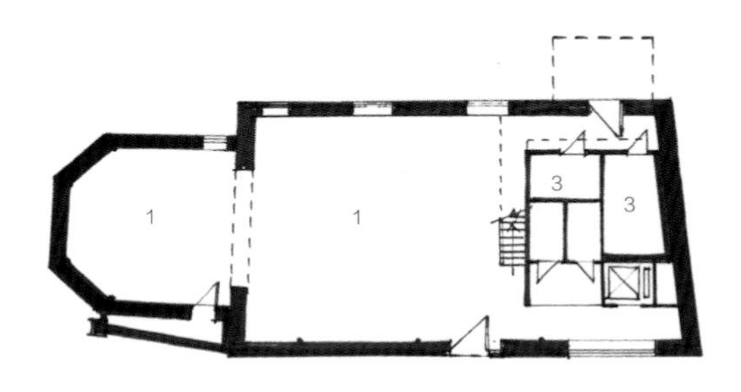

建筑一层平面图

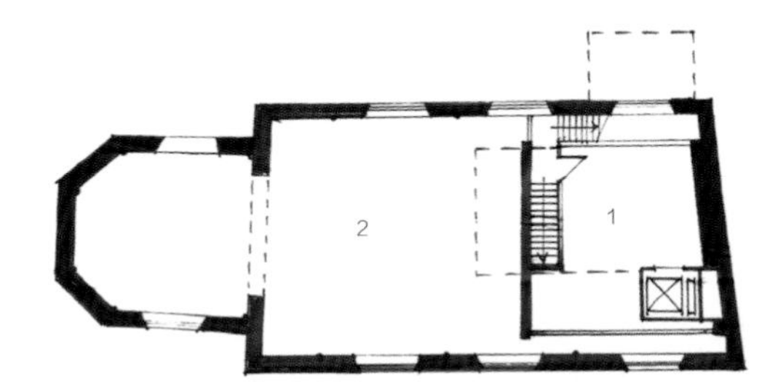

建筑二层平面图

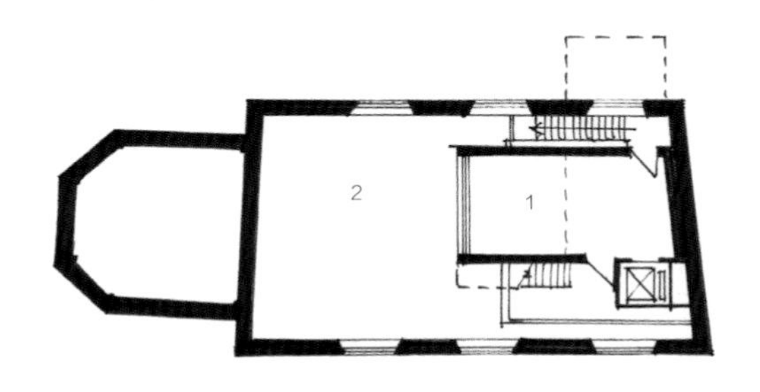

建筑三层平面图

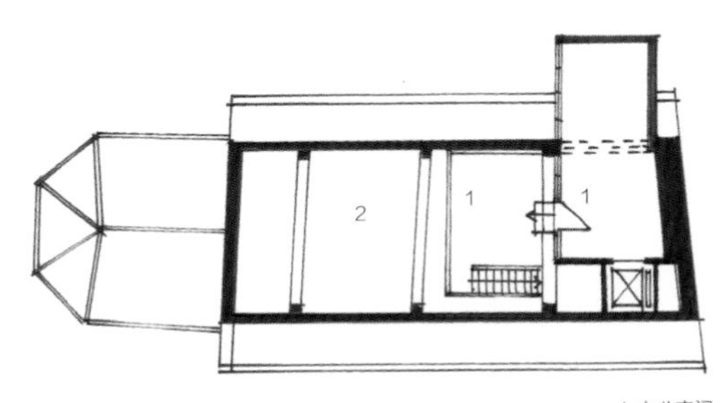

建筑四层平面图

1. 办公空间
2. 办公上空
3. 辅助用房

新建筑包含在老建筑内部，不同功能的新空间层层叠加，结合活泼多变的交通方式，营造充满活力的现代办公空间。新建筑四层的一个体块穿透老建筑，从外部暗示出内部新建筑的存在。

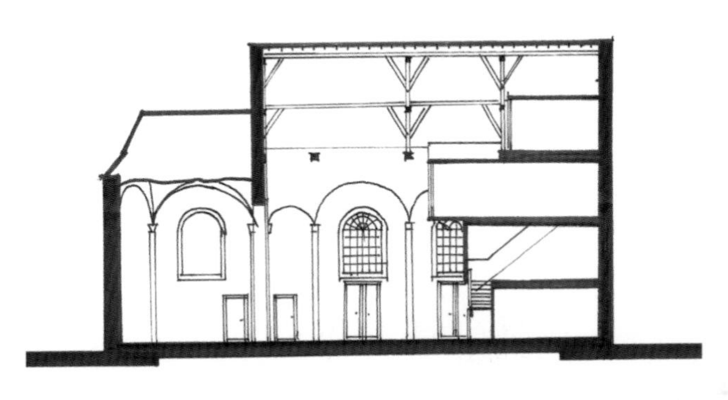
建筑剖面图

新建筑完全嵌入老建筑中，并没有改变老建筑的结构和外立面。新建筑与老建筑结构完全脱离开来，保护了历史遗迹，并置的新老建筑，实现了从过去到未来的对话。

11.2 重庆二厂文创公园 7 号楼 / 几里设计

建筑原本是民国中央银行印钞厂，坐落在山地之上，拥有极佳的面向长江的视野。建筑现在是一个网络大学，对原建筑进行改造和加建的策略主要在于适应性的策略，将老建筑完全置换为新的功能，而没有改变原有的建筑结构和空间，意在改变旧建筑使其适应新的功能。

1. 新老形态关系

该设计并没有建立新的空间进行对比，或者在老建筑中再设计一个盒子让人围绕建筑体验，而是直接将老建筑功能全部置换，充分利用老建筑新生为新建筑。因此，现在的教学中心既是老建筑也是新建筑。

2. 新老材质关系

既然要把老建筑完全置换为新建筑，那建筑就不再是展览空间，而是供人每天上课活动的空间。在这里，新旧材质融为一体，结构方面需要进行保护的就重新粉刷和加固，需要展示原有材质的地方就完全暴露出来，可以说新旧材质随意穿插交融。在建筑的主入口部分，为了标识建筑的内外新生，将入口处理为完全的新建筑，与两边的旧墙体隔开进行对比。

3. 原有结构的利用

原有的印钞厂为了满足大跨度空间的需要，使用了拱顶的结构体系，非常有特色，这是设计中要好好利用的。拱顶下的空间被用作大教室或会议室，拱顶完全暴露带来丰富的空间体验。

建筑外观

建筑外观

图片来源：https://www.archdaily.cn

入口

拱顶

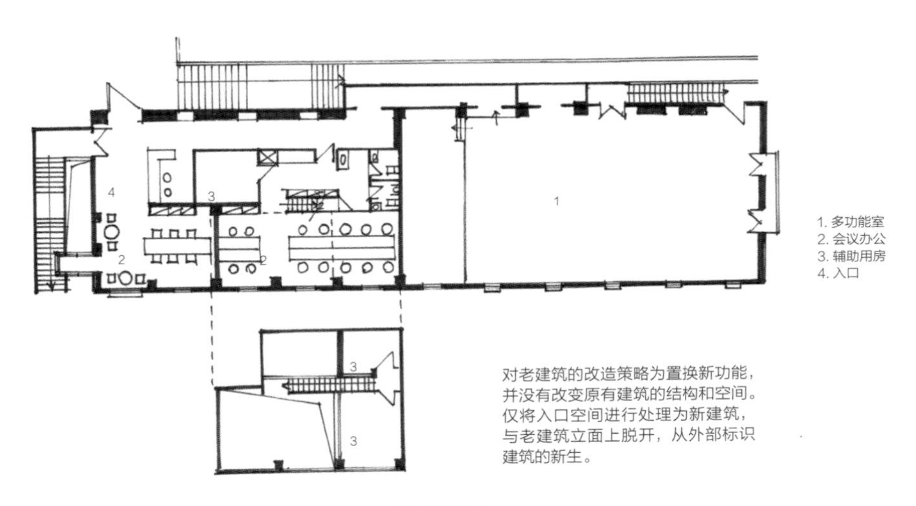

1. 多功能室
2. 会议办公
3. 辅助用房
4. 入口

对老建筑的改造策略为置换新功能，并没有改变原有建筑的结构和空间。仅将入口空间进行处理为新建筑，与老建筑立面上脱开，从外部标识建筑的新生。

建筑平面图

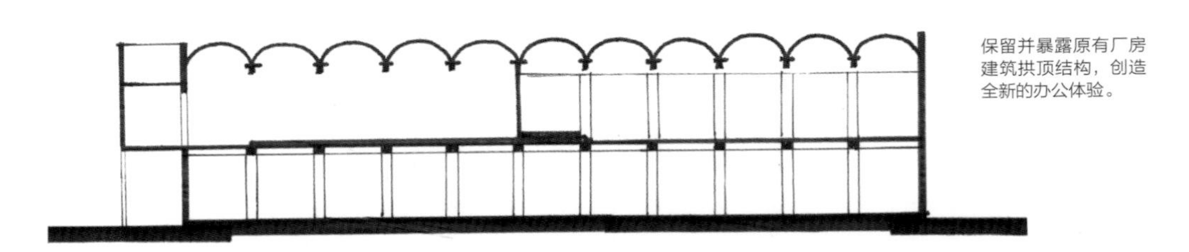

保留并暴露原有厂房建筑拱顶结构，创造全新的办公体验。

建筑剖面图

11.3 艺象满京华美术馆 /O-office architects

满京华美术馆前身是车间厂房，其构想源于对这个空置厂房空间纵横向剖面进行重新叙事地组织。主要策略是将原厂房框架看作是一个巨大的开放的展馆，将新馆内嵌到厂房中，与原建筑相互融合。新馆是一个黑色钢材盒子，特别之处在于顶部是原厂房的采光排风结构，为展厅提供柔和的顶部自然采光。主要要点有以下三点。

1. 新老空间关系

老建筑完全容纳了新的建筑。为了满足让新老建筑之间叙事地对话，新建筑没有严格的边界，而是完全自如地融入在厂房之中。结构如树枝一样自然地生长，超出了建筑的界限，并与厂房融为一体。两者如同血肉一般结合在一起，互相扶持。

2. 老建筑的利用

为了促进新老建筑的交流，新馆的设计延续了老建筑的特点。最大的特点就是对原厂房顶部采光的利用，正好可以作为美术馆的自然采光。美术馆的主入口设在南面山墙，以一个 T 形平面的清水混凝土建构体与原来的厂房过滤池（现改造为水池）相连接。

3. 新旧材质对比

新老建筑之间存在多种材质的对比。首先新馆的主要展厅是一个黑色的钢盒体，与厂房的白墙形成了鲜明对比。加建的铺地和墙体也大多是清水混凝土材质，与原来的厂房肌理相似，而颜色不同。不同体块的不同材质进行对比，行人仿佛行走在自然、工业及后工业文明空间之间。

建筑外观

内部空间

图片来源：https://www.archdaily.cn

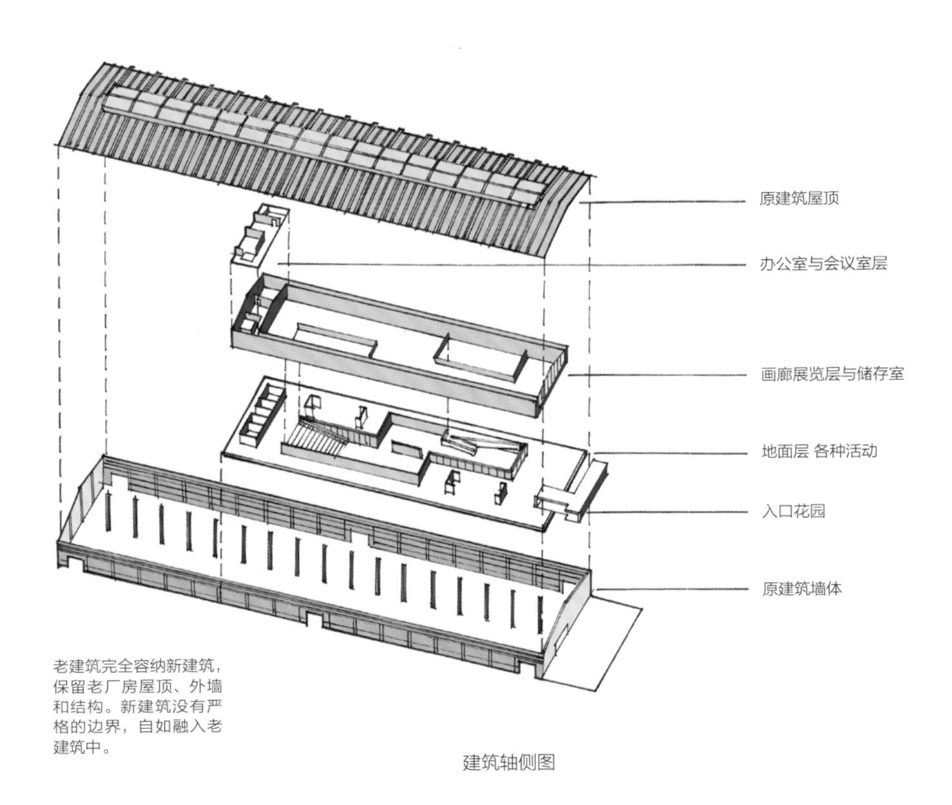

老建筑完全容纳新建筑，保留老厂房屋顶、外墙和结构。新建筑没有严格的边界，自如融入老建筑中。

建筑轴侧图

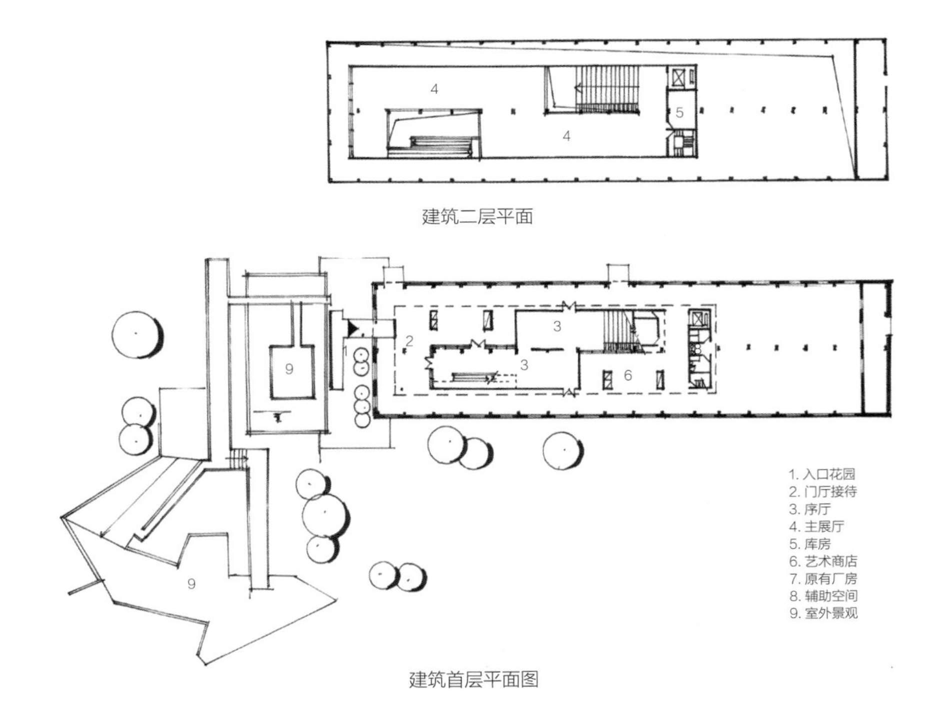

建筑首层平面图

11.4 仓筒改造 /C. F. Moller Architects + Christian Carlsen Arkitektfirma

丹麦很多城镇都有位于市中心的工业仓筒，它们大多不再被使用，但继续主导着本地的天际线。此案例中，旧的仓筒被改造成一个乡村高楼，由 21 个住宅组成的别墅。这里没有两套住宅是一样的，这是标准化公寓和独立式郊区住宅的一种进化。主要要点有以下三点。

1. 新老空间关系

原来的仓筒包含了楼梯和电梯，并提供了一个共用的屋顶露台。围绕着塔筒，公寓像叶子一样地挂在仓筒地四周，向外伸出到光线和景观中。这种结构保证新的公寓都能有好的朝向及足够的面积。

2. 老建筑利用

原来的仓筒依旧主导了城市的天际线。设计者为了更好地从空间和功能角度利用老建筑，将老仓筒作为中心竖向交通来使用。这样可以最大效率地利用原建筑，并让人们参与建筑之中。

3. 立面

仓筒功能的独立性保证每个公寓都可以单独生长的可能性。因此，每个公寓可以挂在中心核心筒上，有不同的户型、不同的颜色、不同的立面装饰。最后的立面有乐高积木的感觉，立面丰富而不拘泥于传统商住楼。

建筑外观

新旧关系模型

图片来源：https://www.archdaily.cn

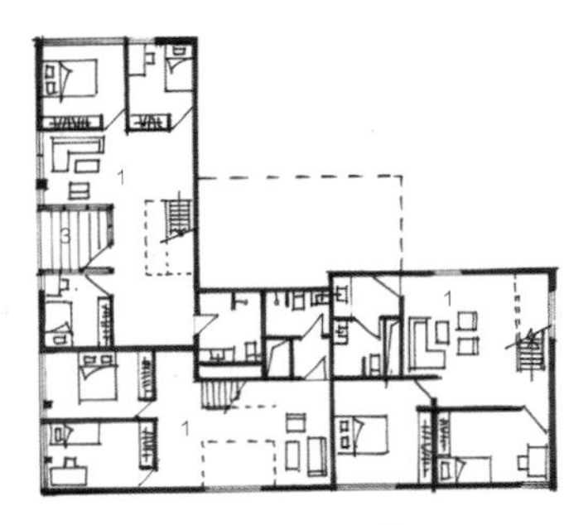

建筑一层平面图

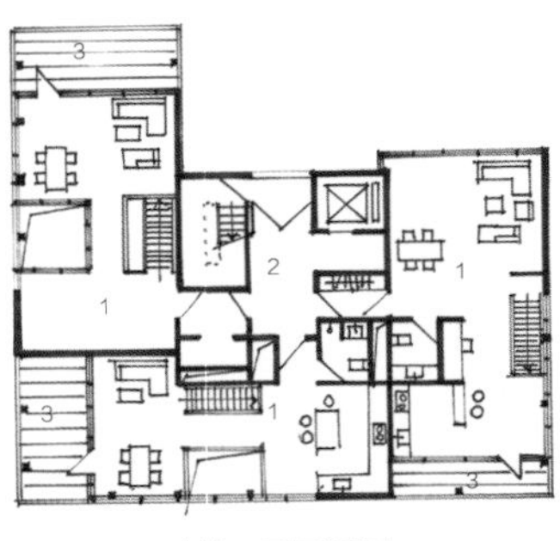

建筑二层平面图

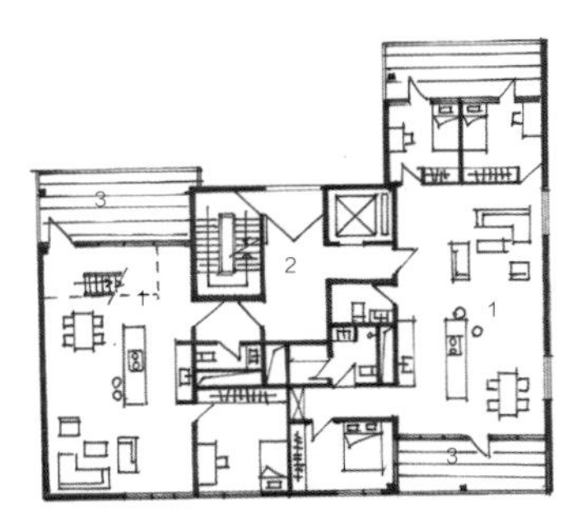

各个公寓围绕中心仓筒布置，最大限度保证每个公寓都有充足的采光通风和好的朝向；并且每个住宅空间布局各不相同，遵循了新建筑功能单元独立生长的逻辑。这种高层结构，同时体现了住宅的标准化和独立化。

建筑十层平面图

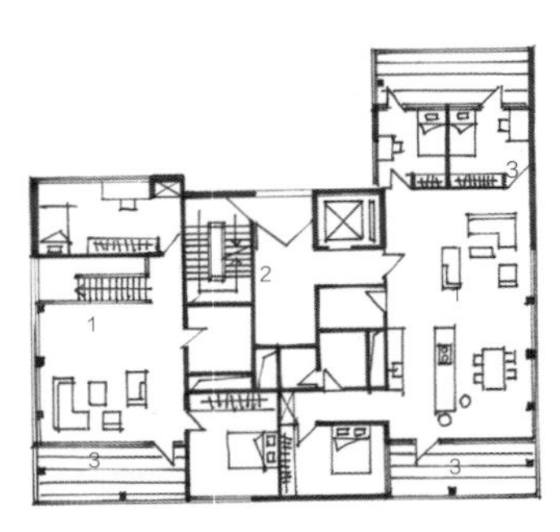

1. 居住单元
2. 交通空间
3. 室外平台

建筑十一层平面图

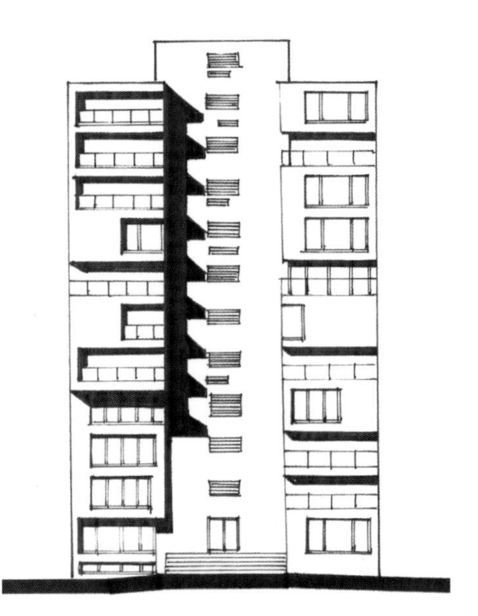

建筑外形延续了改造过程中每个单元独立生长的逻辑，表现为立面上功能体块的自由凸出凹进，衍生出丰富的空间层级和光影效果。

建筑立面图

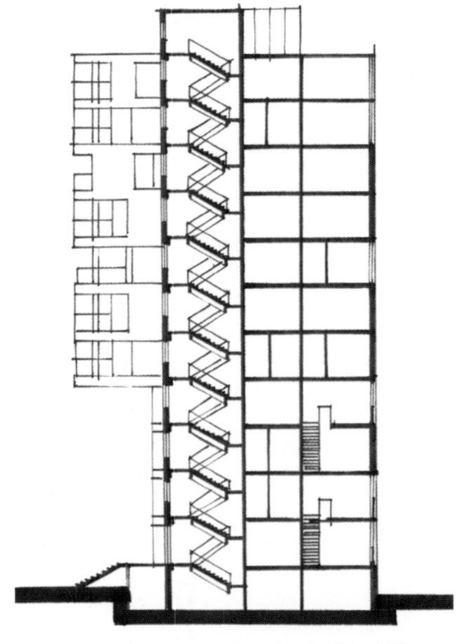

新建筑保留原有仓筒内部的楼梯和电梯。

建筑剖面图

11.5 同济大学建筑设计院新大楼——巴士一汽停车库改造 / 曾群

大楼原本是上海市区最大的立体公交停车库，本身有结构简洁清晰、韵律感强的特点。设计策略是保留了原本的 3 层混凝土结构，并通过钢结构加建 2 层作为中小型办公区域。加建部分完全悬浮于原结构上方，与原建筑形成对比。主要要点有以下三点。

1. 新老建筑体块关系

为了延续同济大学一贯的现代设计风格，设计师完全保留了原来的 3 层混凝土建筑，加建部分像玻璃盒子一样悬浮在原建筑之上，与原有建筑的厚重形体形成对比。而在体块上，新建建筑飘离悬挑出原有的体块，打破了原本规整的构图，而增添了新时代的气息。

2. 新老建筑结构关系

为了满足加建的盒子可以完全地漂浮于原有建筑之上，必须要保证结构的互不干扰。因此，设计师在原有的 3 层混凝土建筑中，选取了合适的空间添加中庭和竖向交通来连接新老建筑，而添加的结构为钢结构，保证新建筑结构独立。

3. 老建筑空间利用与优化

考虑到原建筑进深达 75m，不利于办公空间的通风采光，设计师拆除部分楼板设计为内院和采光天井，并与四层的屋面绿化共同形成多层次的景观空间。车库北面原有的汽车坡道得到保留，成为通往四层停车场的通道。

建筑外观

建筑外观

建筑门厅空间

内庭院

图片来源：https://www.ikuiku.cn

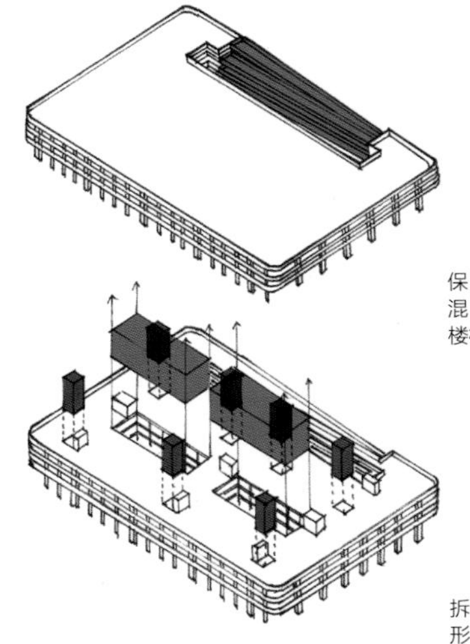

保留：保留原有3层混凝土停车库结构、楼板和坡道。

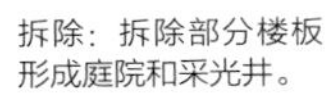

拆除：拆除部分楼板形成庭院和采光井。

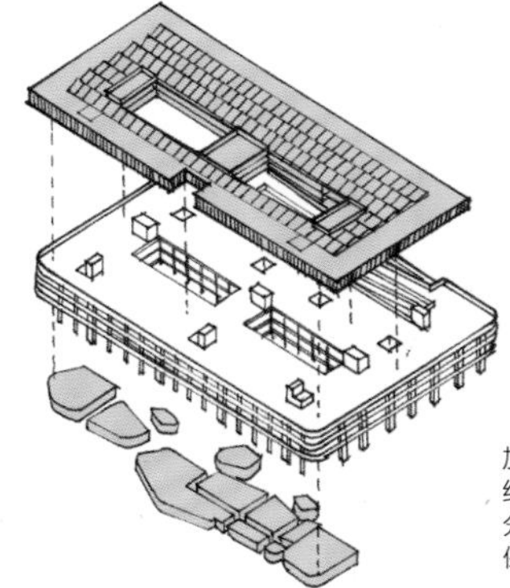

加建：老建筑植入钢结构支撑顶部加建部分和一层插入部分，保证新建筑结构独立。

新旧部分关系分析

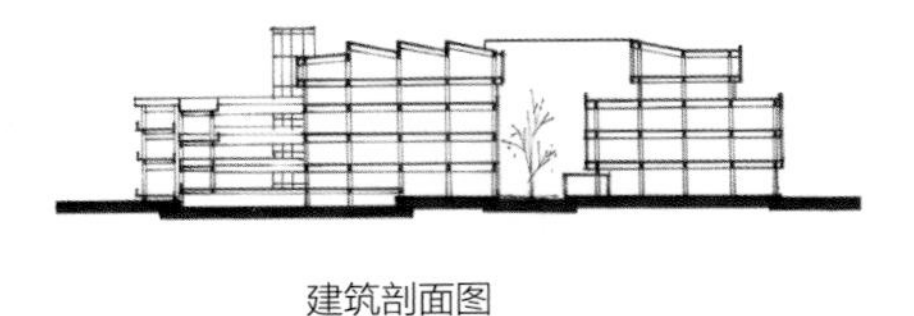

建筑剖面图

1. 门厅　2. 报告厅　3. 咖啡厅　4. 展厅
5. 洽谈咨询　6. 庭院　7. 庭院上空　8. 办公空间
9. 工作室　10. 活动室　11. 食堂　12. 图档
13. 车库　14. 屋顶平台　15. 院长办公室

建筑一层平面图

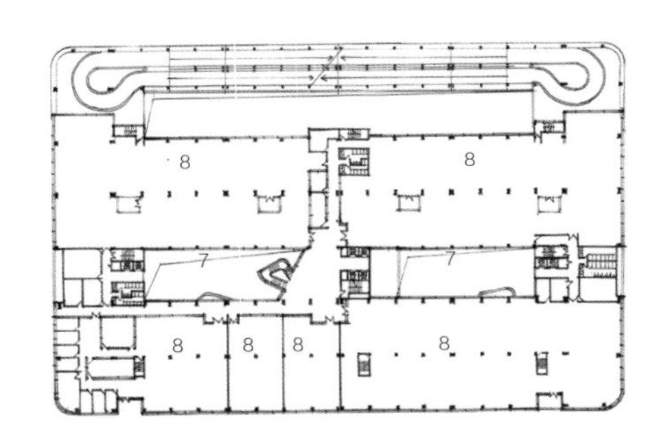

建筑二层平面图

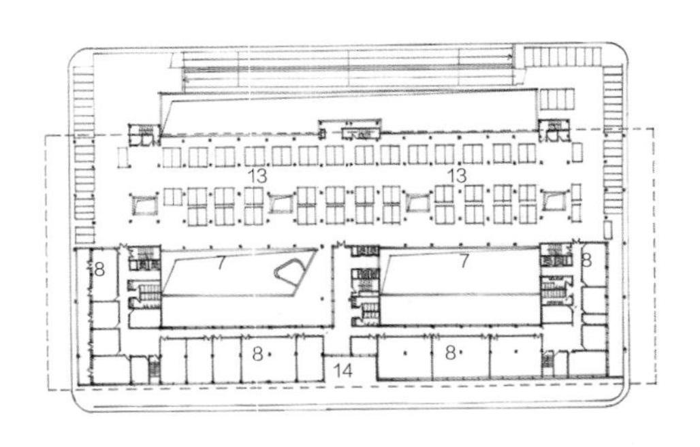

建筑四层平面图

11.6 新乐弥美术馆 /Metro Arquitetos Associados + Paulo Mendes da rocha

新美术馆很小，坐落在离旧馆两个街口的地方，旧美术馆已经废弃。设计师考虑了多种方案，最后新馆采取的方法是复制一个旧馆，再用空中过道将两者联系起来。这样保存了美术馆之前的形象，也是对保护建筑遗产的深入探讨。具体要点如下。

1. 新老空间关系

除了把旧馆的面貌完全展现在外，设计师完全复制了一个 9m×9m 的立方体，在旧馆旁边作为新的展览空间，并用空中走道连接两个建筑。这样，新旧两个美术馆在空间上是等位并置的，地位上似乎是一样的，人们可以并列地观看两个馆。

2. 新老建筑形态

除了在空间的等位，两个美术馆在表面上也是一模一样的，人们会产生一种似曾相识的感觉。为了达到这种效果，设计师还特意强调了旧馆的材料触感，整个新馆由钢筋混凝土浇筑。新馆象征着精神的延续。

3. 空间流动性

两个美术馆虽然外表一样，立面看起来对立而稳定，但是内部空间充满了流动性。新馆的楼梯和展览空间有着各种大小空间的对比和交替，天井与直跑楼梯的结合也增加了空间的流动性。天井是整栋建筑中最重要的转接点，赋予了空间独特性。

建筑外观

连廊

图片来源：https://www.archdaily.cn

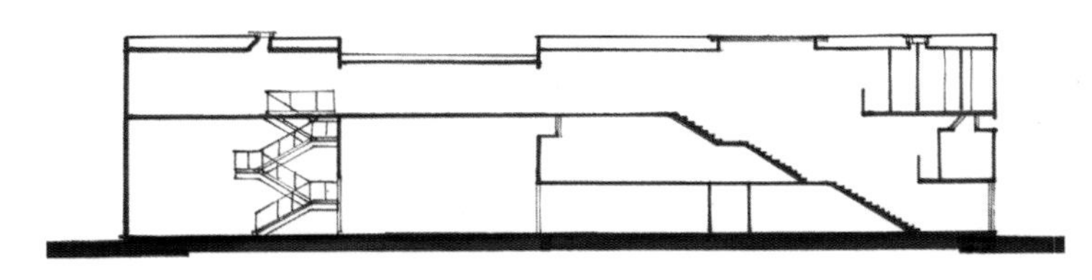

建筑剖面图

新老建筑在空间上等位并置，以空中廊道相连，二者内部空间充满流动性。

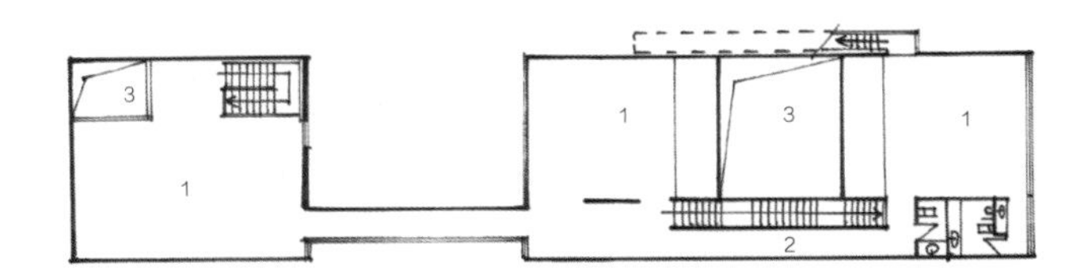

建筑三层平面图

新馆的内部大小展厅对比交替，与直跑楼梯和天井结合增加空间流动性。

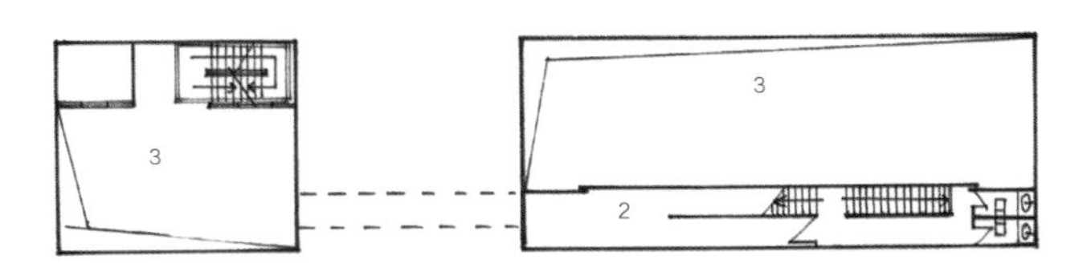

建筑二层平面图

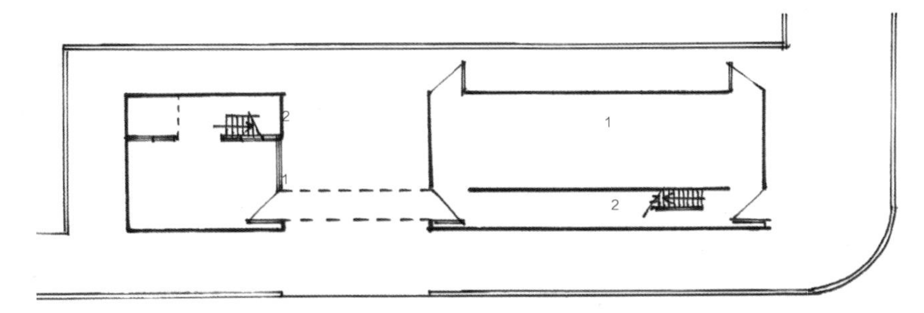

1. 展览空间
2. 辅助空间
3. 展厅上空

建筑一层平面图

12 快速设计作品评析

12.1 顶层艺术画廊设计

题目中的小型画廊在废弃旧有建筑顶部加建而成，原结构为无梁楼盖体系，因此需要考虑新旧建筑结构和交通的衔接。题目中提示加建建筑要考虑与仓库建筑体量的关系，所以也需要思考对于新建筑的形态控制。就该方案对于新老建筑关系的处理策略来看，新老建筑结构融合紧密，形式有所区分但不失和谐，下面将从以下三个方面对方案进行评析。

1. 新旧建筑结构融合

新建建筑通过半层的结构转换层，增强了新建建筑的稳定性。门厅、展厅置于画廊首层，通过对老建筑柱网的延续，完成了展示空间的结构限定。

2. 新旧建筑空间相对分离

新老建筑通过半层的结构转换层隔开，空间相对分离。外圈出挑空间在空间体量上形成了与老建筑的对比。通过两部折跑梯能够到达二层开放式展厅，开放式展厅通过结合通高展厅空间，辅以点状分散的屋面天窗，形成了良好的展示空间采光效果。

3. 新旧立面形态呼应

新老建筑横向条形立面形态相近，中央交通空间选用玻璃幕墙材质，两侧展览空间采用干挂石板，通过虚实结合的立面材质与老建筑形成了有机的对比。

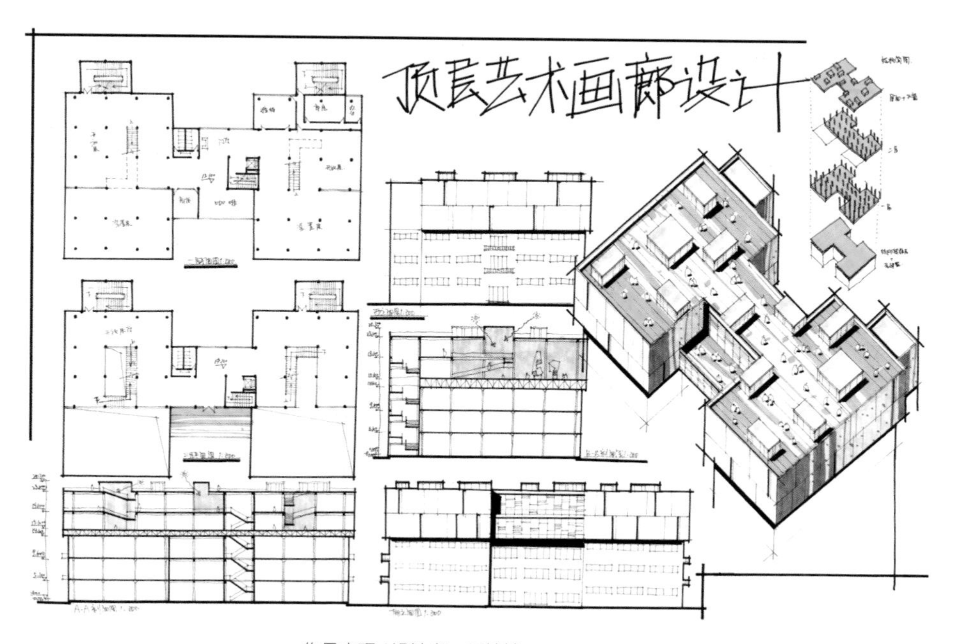

作品表现 / 设计者：王梓榆

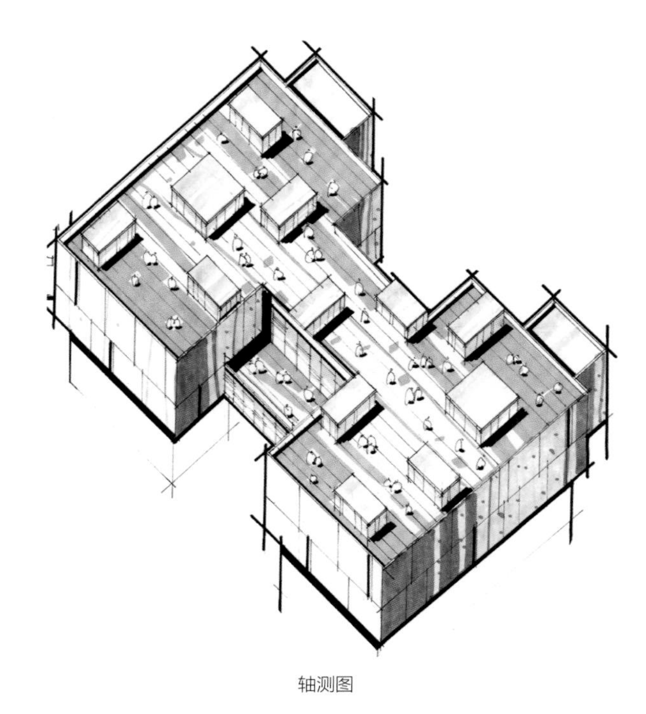

新建建筑平面形态轮廓与旧建筑相一致，形成了呼应关系。凸起的天窗为展厅内部引入了自然采光，也成为屋顶平台的趣味性元素。

轴测图

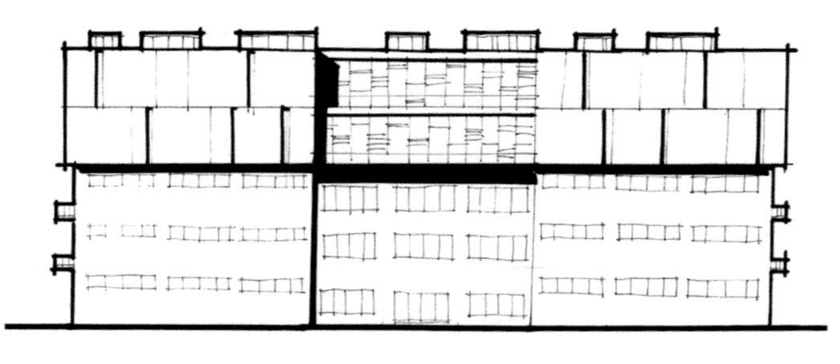

加建部分的立面材质与旧建筑形成了强烈的新旧对比。新建立面采用了虚实对比与视觉错位的处理手法强调立面划分逻辑。

立面图

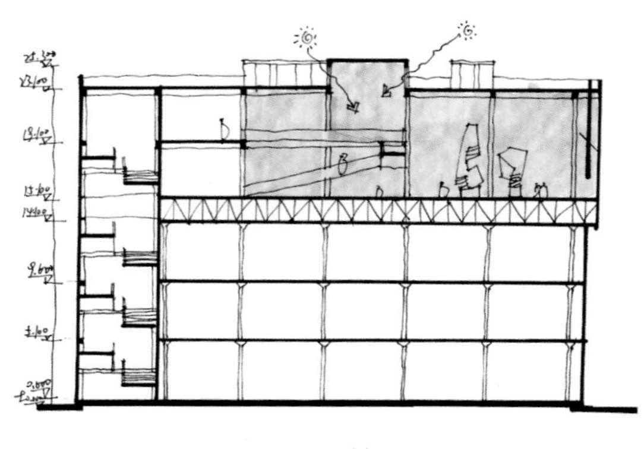

剖面图

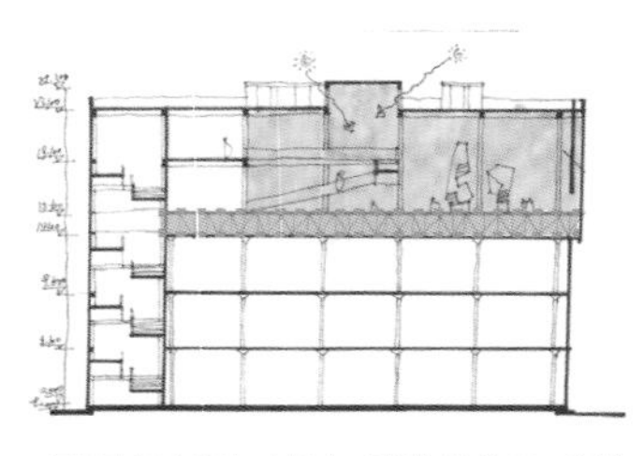

新旧建筑之间加入桁架式结构转换层，衔接了新旧建筑的结构。

分析图

12.2 综合楼加建设计

题目中的教学楼基地位于上海市陆家浜路的中学校园内，基地属于历史风貌保护区内，北侧 A 幢建筑为上海市历史保护建筑，D 幢为保留建筑，因而需要在新建教学楼部分的设计中充分考虑与 D 幢建筑的风貌、结构形式与比例协调。场地内存在着必须保留的古树，也应思考新建建筑与场地环境的关系。就该方案对于新老建筑关系的处理策略来看，新老建筑形式有机呼应，空间联系紧密，场地景观营造丰富，下面将从以下四个方面对方案进行评析。

1. 新旧建筑结构脱开

设计者从保护老建筑的角度出发，新建建筑结构同老建筑原有结构留有 1m 以上的距离，充分考虑了原有结构稳定性。

2. 新旧建筑空间相对分离

新老建筑空间分离，通过玻璃连廊的连接体进行连通，新老建筑虽然在形态上分离，但在功能上产生了有序联系。

3. 新旧建筑形态的呼应

新建筑以条形布局呼应老建筑，形体上的两个凹口设计呼应了操场场地。造型中的坡屋顶、竖向玻璃幕墙、墙面洞口等元素，呼应了老建筑，强化了新老建筑之间的联系。

4. 景观元素协调新旧

设计者引入水景柔化了综合楼体量的边界，景观元素的巧妙运用有效地协调了新老建筑的体量与形式。

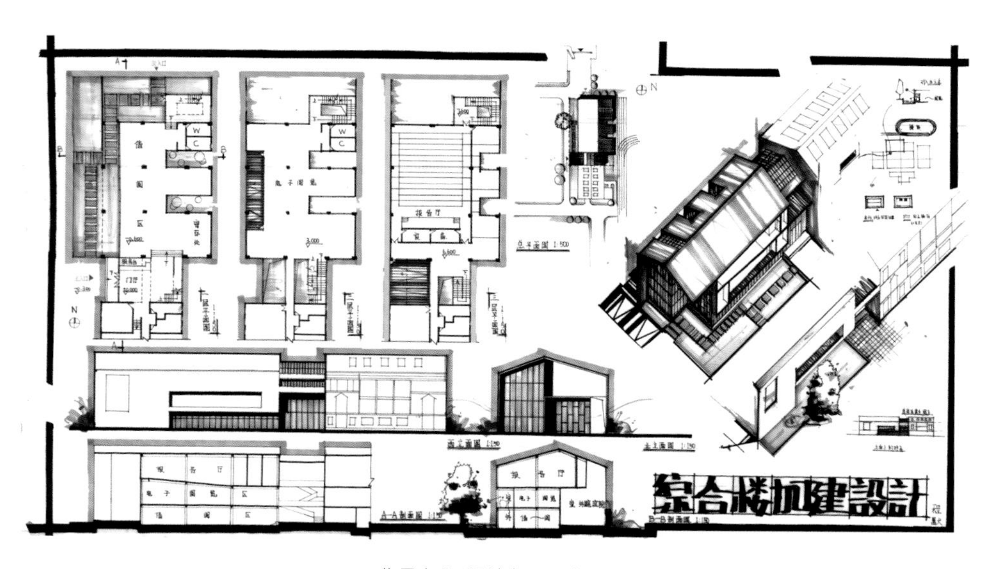

作品表现 / 设计者：程默

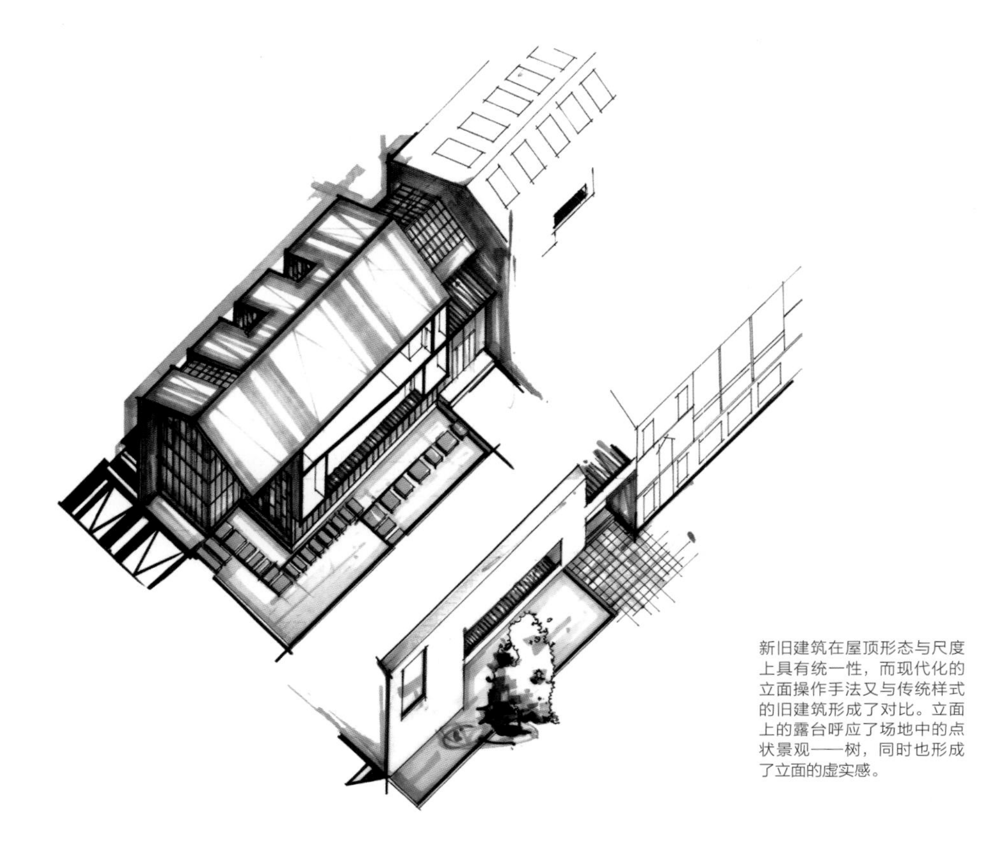

新旧建筑在屋顶形态与尺度上具有统一性，而现代化的立面操作手法又与传统样式的旧建筑形成了对比。立面上的露台呼应了场地中的点状景观——树，同时也形成了立面的虚实感。

轴测图

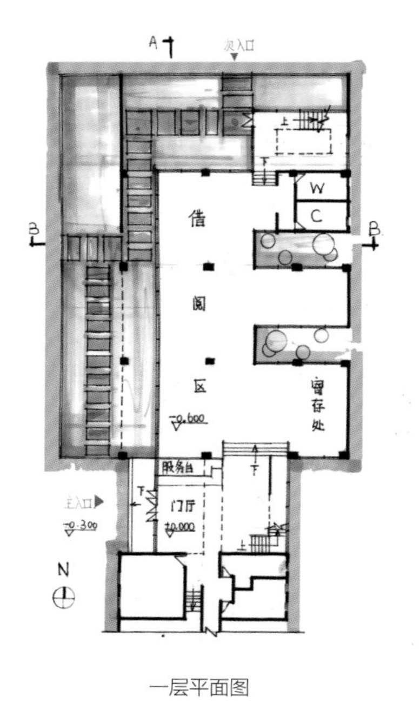

一层平面图

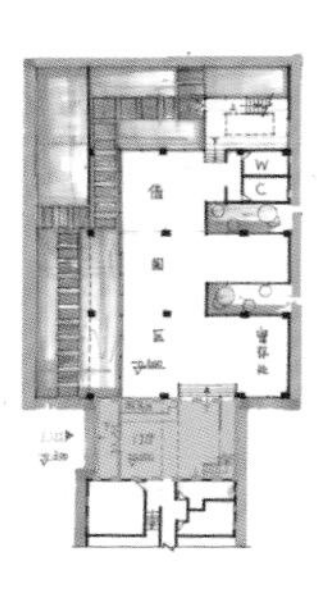

新旧建筑间用门厅空间作为连接体，重新对流线进行整合。新旧建筑的主体结构也因此脱开，互不干扰。

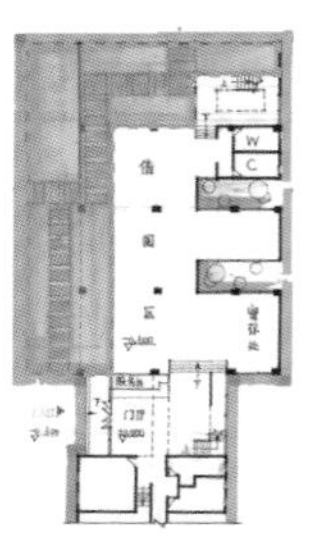

通过水面上的汀步进入建筑，提升了入口路径的品质性。

分析图

12.3 夯土陈列馆设计

题目中的夯土建筑遗址位于平原旷野中，仅遗存墙体没有屋顶，需要对遗迹进行改造，在其内部修建乡土历史资料陈列馆，可对遗迹进行局部拆毁，但不能超过总长度的 25%。需要注意新旧建筑的结构稳定度，新建筑结构需要与夯土遗迹保持 1m 以上的距离。就该方案对于新老建筑关系的处理策略来看，建筑形式与老建筑相呼应，建筑功能空间丰富，下面将从以下四个方面对方案进行评析。

1. 新旧建筑结构脱开

新老建筑结构脱离，仅新建陈列馆建筑内部楼板向老建筑方向出挑，紧贴老建筑墙体，考虑了新老建筑的结构稳定性，构思细致。

2. 将现存构筑物作为展览要素

设计者在陈列馆中引入观赏空间，将既存保留老建筑转换为展示要素，在提供实用性的同时增强了观赏性，强调出老建筑的重要性。

3. 展览围绕其布置

方案将借阅空间置于一层中心，咖啡空间置于二层功能核心，使展览空间形成围绕型流线，环绕中心空间布置，提供了良好的展览流线。

4. 结合台阶空间融合第五立面

展示空间结合台阶空间设置，并在屋顶这一重要的建筑第五立面上有所展示，结合暗示出内部功能的屋顶天窗，完善了建筑整体，形成了优雅的建筑形态。

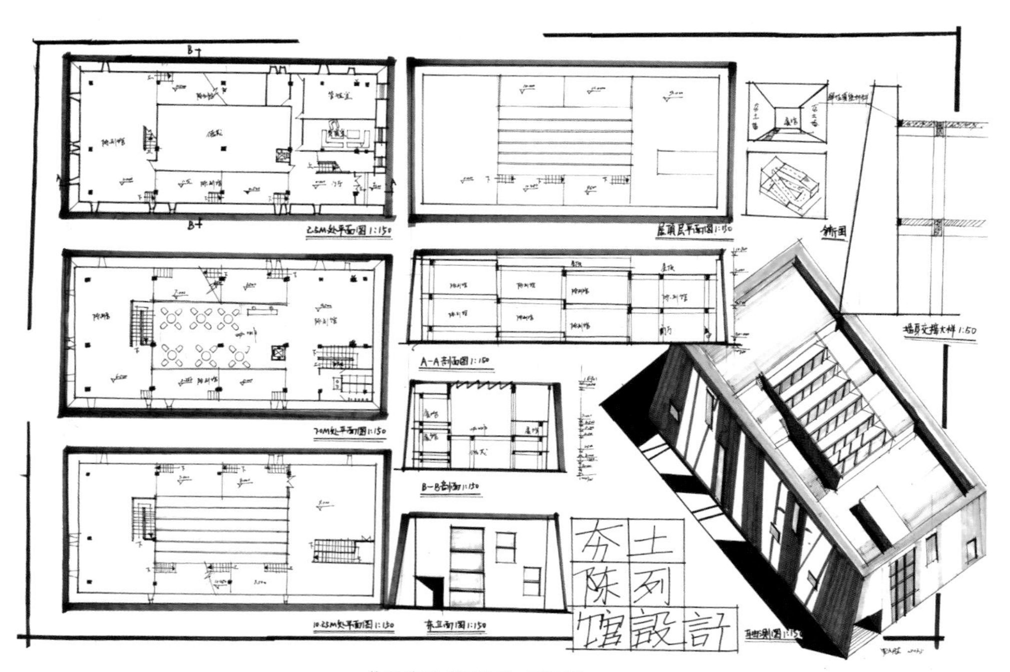

作品表现 / 设计者：罗元胜

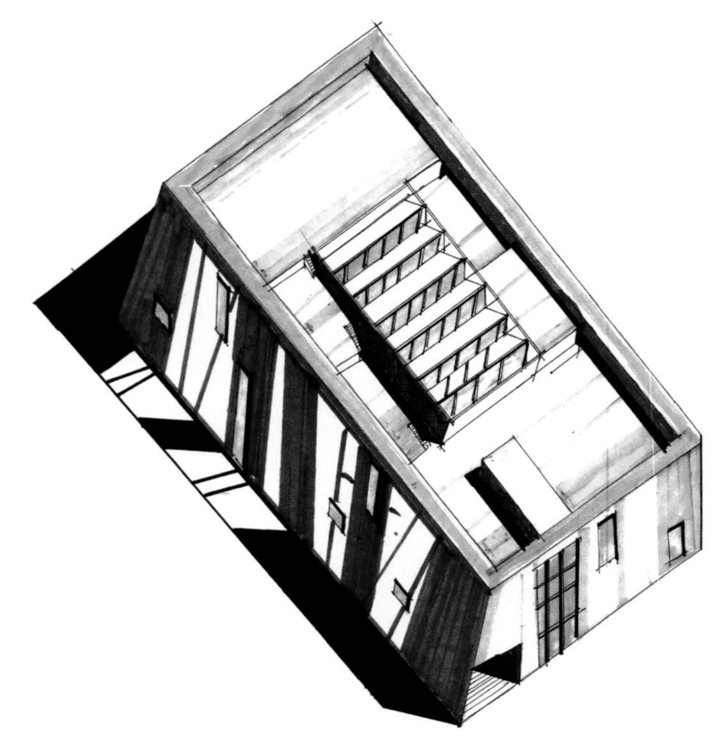

方案以遗迹作为立面界面限定，在内部进行加建。遗迹原有立面进行了最大化保留，局部开设新洞口满足新建建筑的功能需求。

轴测图

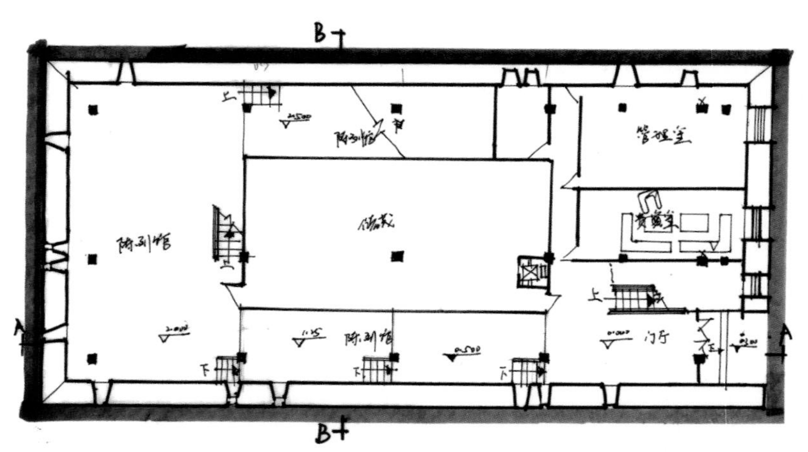

一层平面图

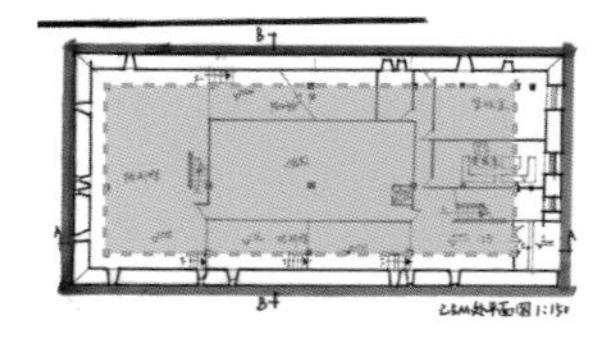

加建部分建筑主体结构与遗迹脱开，保证结构基础不破坏遗迹。

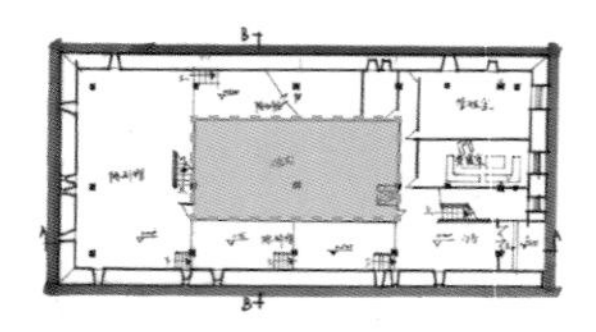

方案采用内嵌式平面布局，用不用采光的储藏空间将展厅划分为环形空间，便于流线组织。

分析图

12.4 滨水园区企业家会所设计

题目中的企业家会所建于滨水区域的创意产业园区中，场地内遗存有 3 个工业时代废弃的混凝土结构圆塔，注意与既有混凝土圆塔的结构与空间关系，考虑场地环境景观的呼应以及园区总体布置。基地东侧桥面与滨水步道存有一定高差，在会所设计的同时，应注意设置观景平台，完善与桥面人行道及滨水步道的连接。就该方案对于新老建筑关系的处理策略来看，新老建筑形式有机呼应，空间联系紧密，场地景观营造丰富，下面将从以下四个方面对方案进行评析。

1. 新旧建筑结构脱开

方案注意到了结构的避让。在新建筑形式产生的同时，同时考虑了老建筑的竖向形态，流线型的建筑空间与老建筑圆塔的混凝土结构产生了融合之感。

2. 老旧筑空间干预新建筑

老建筑塔体内作为建筑核心交通空间，新建建筑中以办公、会议，展览、沙龙，茶室，后勤空间等四种主要功能对其进行围合或环绕。使老建筑在不同层高处产生了不同的城市展示面，老建筑空间在新建筑中实现了良性干预。

3. 形体比例

水平上的新建建筑与竖向的高塔形成了空间上的对比效果。而新建建筑水平向 S 形拉长形体，与纵深感极强的高塔产生了和谐的比例。

4. 新旧立面对比

新老建筑立面既存在着对比又协调统一。横向的立面同纵向的塔身产生了形态对比。木质平台的设置与大面积的玻璃幕墙也与混凝土圆塔产生出材质对比。

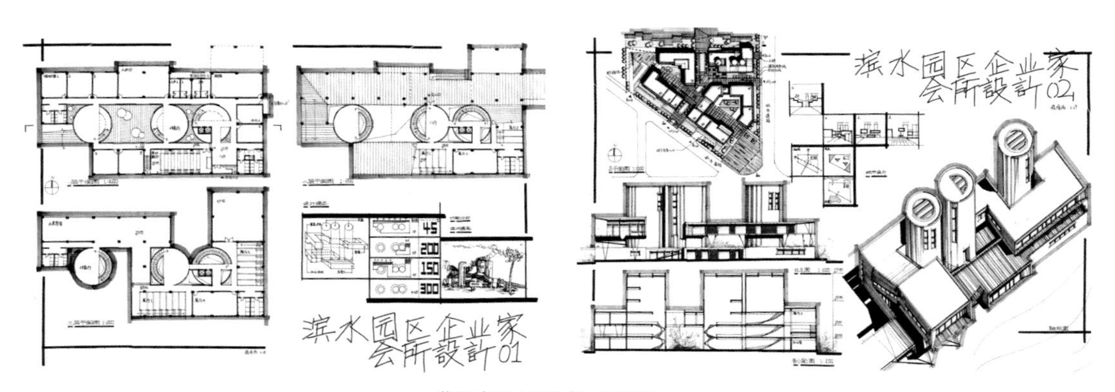

作品表现 / 设计者：程泽西

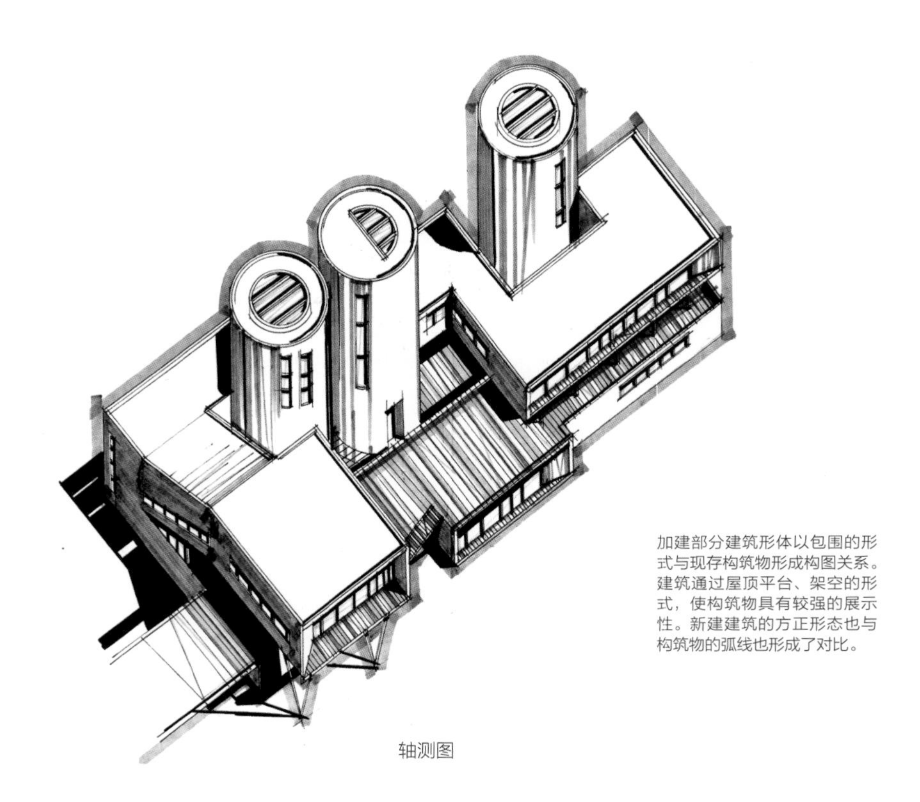

加建部分建筑形体以包围的形式与现存构筑物形成构图关系。建筑通过屋顶平台、架空的形式，使构筑物具有较强的展示性。新建建筑的方正形态也与构筑物的弧线也形成了对比。

轴测图

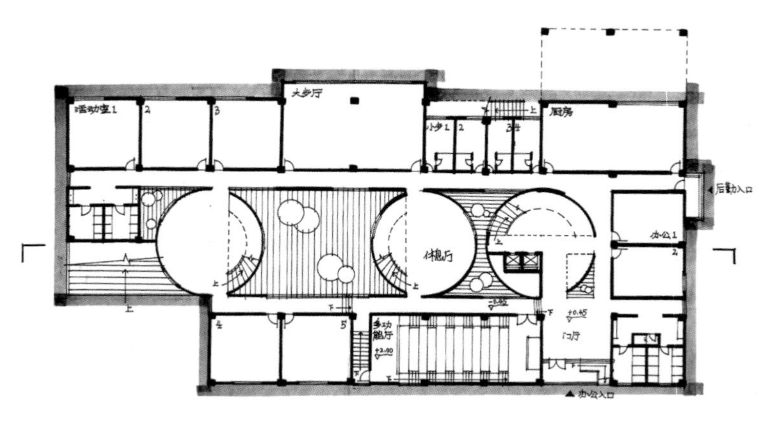

一层平面图

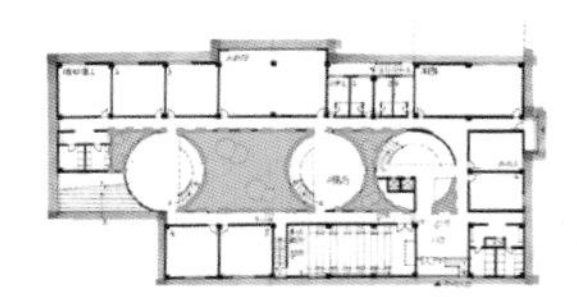

建筑主体包围构筑物实现了新建结构与构筑物的分离，避免了新旧冲突，也保持了原有构筑物的完整性。

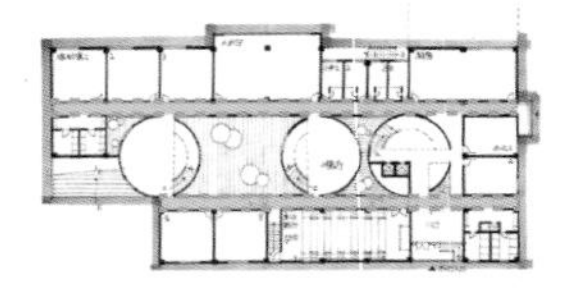

建筑平面采用双廊组织，使主要使用空间具有良好采光条件或景观视野。

分析图

12.5 小型工业博物馆设计

题目中所给基地内现存一座废弃厂房，结构完整，因而应最大化保留和利用现有结构，尤其是保留下来具有原始印记的建筑结构。注意处理新建部分存在的姿态与新建筑与旧建筑的关系，最终实现新旧部分的和谐共生。就该方案对于新老建筑关系的处理策略来看，新老建筑间结构关系清晰，空间明确，下面将从以下三个方面对方案进行评析。

1. 新旧结构关系

方案中保留了老建筑结构，通过新建建筑的加建，使整体建筑的体量更加完整。作者通过新老建筑形体的逐级缩减，产生了明确的对比关系，清晰展示出新老建筑的分布关系。

2. 新旧空间关系

设计者将展示区放在了老建筑中，在新建筑中首层设置了办公、接待等辅助用房，二层布置教室、多功能厅等使用功能。新老建筑功能空间被清楚的划分开来，相对独立，同时以墙体分隔避免了流线交叉。

3. 立面呼应

新建建筑采用了石墙、石面墙开小窗、玻璃幕墙等元素，与老建筑立面相呼应，手法较为统一。

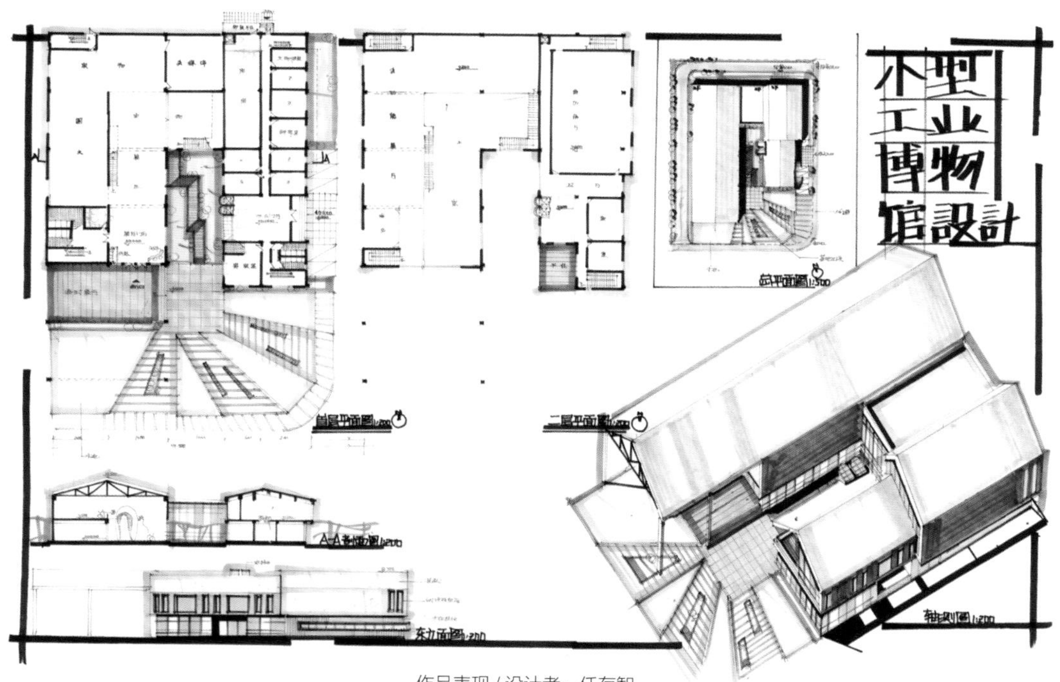

作品表现 / 设计者：任存智

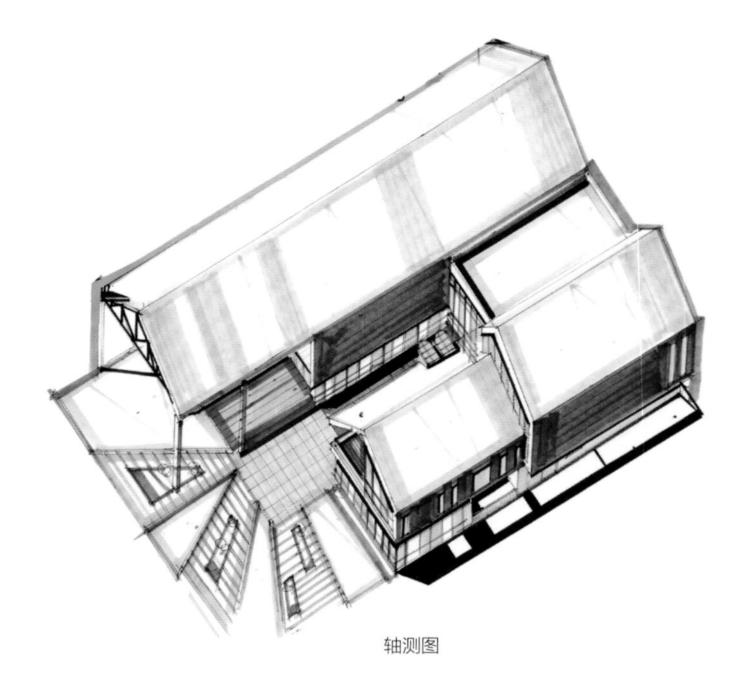

新旧建筑均采用坡屋顶，在形式上新旧形成了呼应。

轴测图

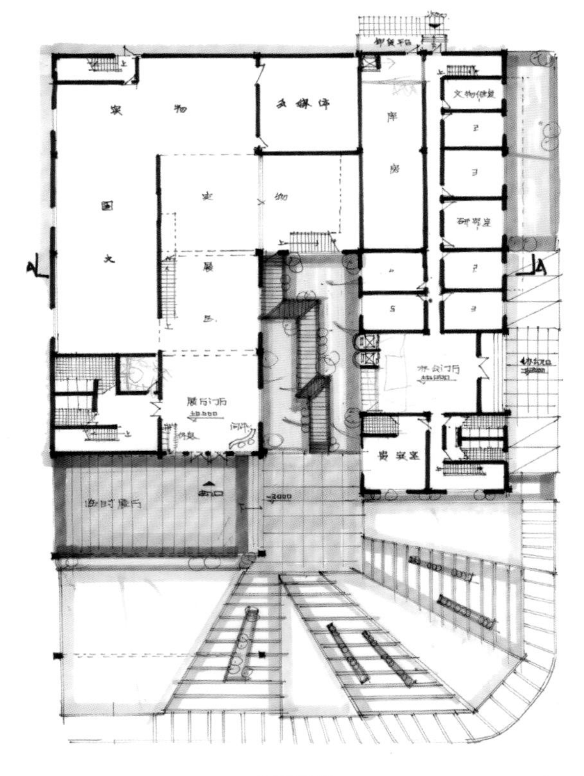

一层平面图

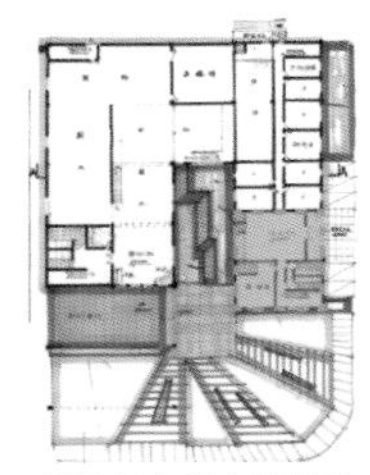

旧建筑内部空间增设墙体形成新的空间，满足新建筑的功能需求。

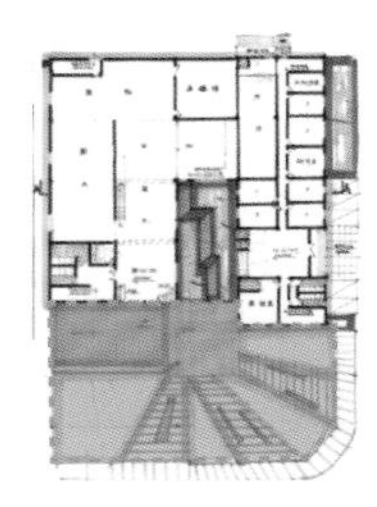

入口环境结合水面、木栈道、石板广场、室外木质平台，形成了高品质的具有景观性的入口空间。

分析图

12.6 社区休闲文化中心设计

题目中的社区活动中心位于上海市中心历史风貌保护区内，基地北侧为城市干道，东、南侧为城市支路，西侧是社区。建筑限高 13.5m，需与南侧的独栋历史建筑更新合二为一。基地的南侧、西侧、西北侧都有历史风貌建筑，因而需要考虑建筑内外空间以及与周围建筑的呼应关系。就该方案对于新老建筑关系的处理策略来看，新老建筑形式呼应，结构关系清晰，下面从以下三个方面对方案进行评析。

1. 新旧建筑结构关系

设计者将新旧建筑结构脱开，独立进行布置，通过原结构与桁架空间、框架结构结合的方式，达到了具有稳定性的整体新老建筑结构关系。

2. 新旧建筑空间关系

新建筑在老建筑群中插建，通过二层桁架结构的茶室连廊相连，在使连接结构空间化的同时，将新老建筑进行了有机统一。

3. 新旧建筑立面关系

新建建筑通过多重南北双坡顶回应了老建筑的坡顶形式，通过竖向长条形玻璃窗回应了老建筑的竖向开窗，立面的类似促进了两者间的协调性，立面中加入的木格栅元素在一致中增添了几分生动，产生了材质的对比。

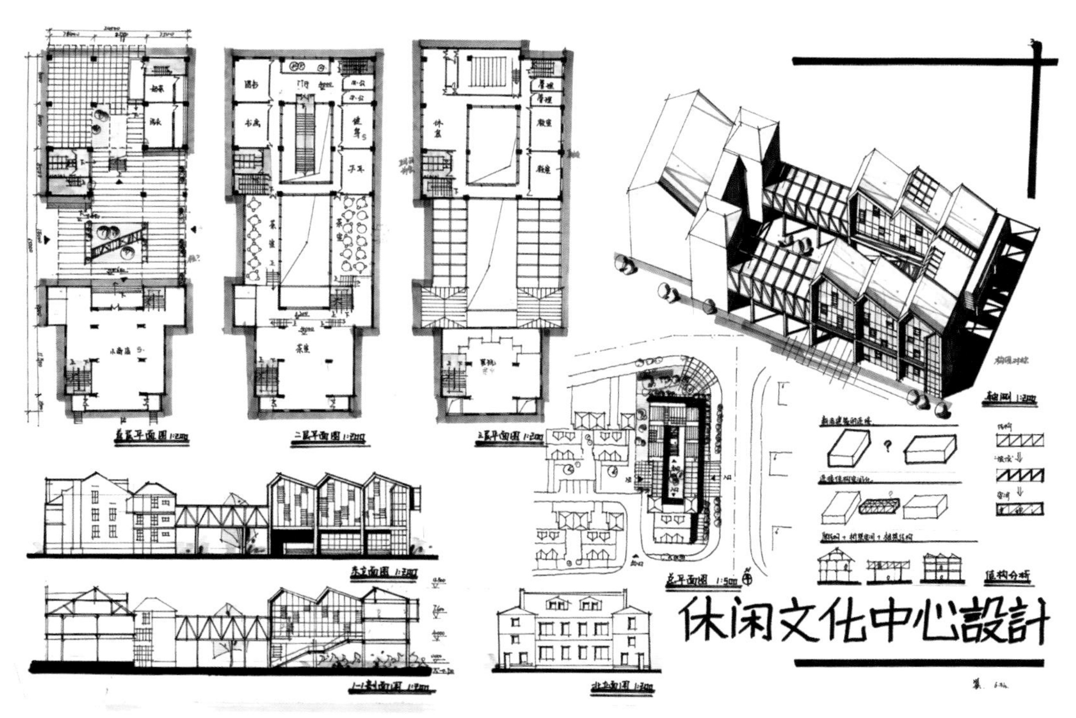

作品表现 / 设计者：冀昱蓉

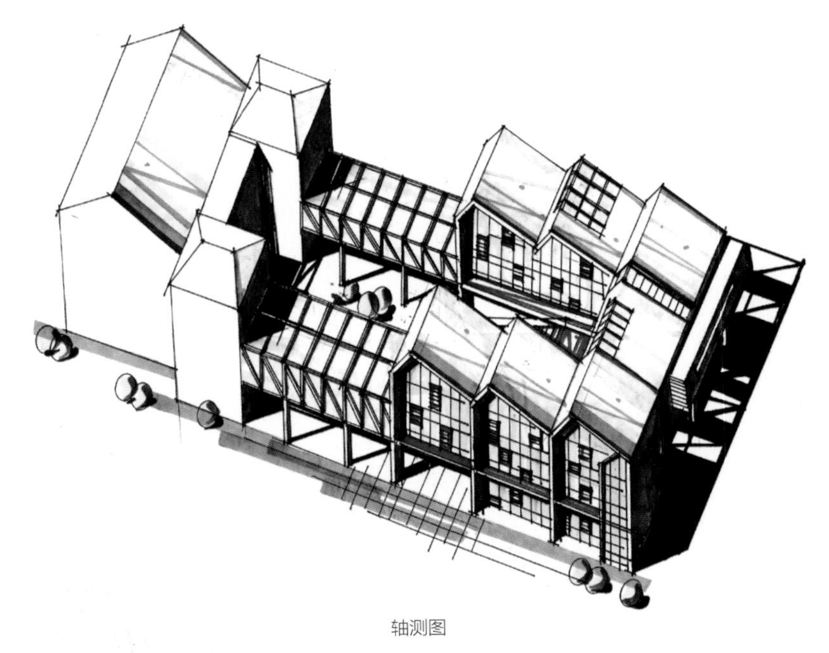

加建部分建筑采用连续的双坡屋顶形态与旧建筑形成呼应，不规则化的屋顶形态和具有现代感的立面设计与旧建筑形成新旧对话。新旧建筑主体间通过玻璃连廊连接，过渡自然。

轴测图

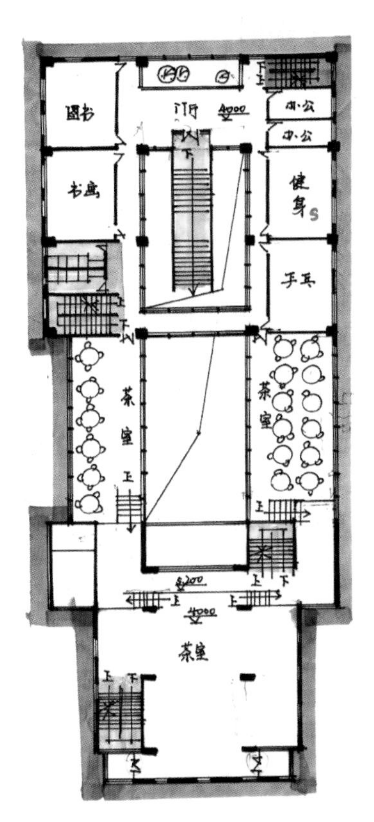

二层平面图

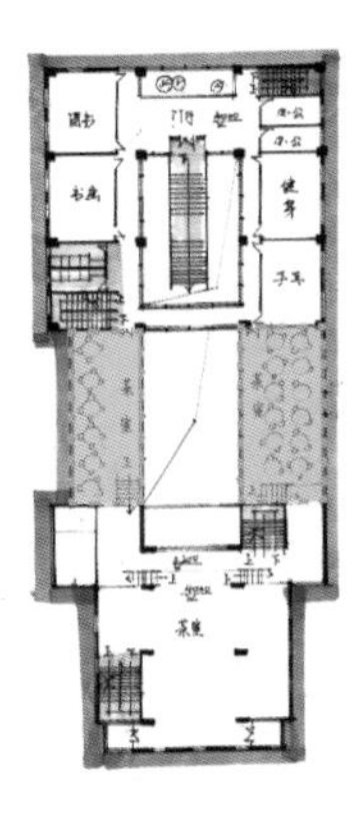

连接体使新旧建筑主体结构脱开，结合茶室放置开放空间形成具有通透感的玻璃连接体。

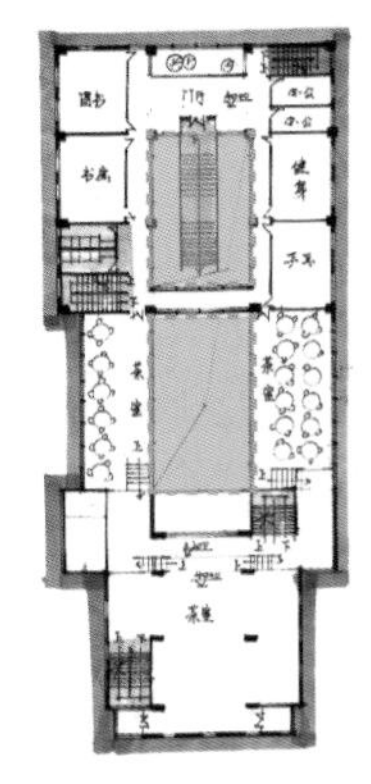

庭院置入削减了建筑体量，且提升了建筑内部空间的采光质量。

分析图